JACQUES MONOD

Le choix de l'objectivité

JEAN-PIERRE SOULIER

JACQUES MONOD

Le choix de l'objectivité

ÉDITIONS FRISON-ROCHE
18 rue Dauphine – 75006 PARIS

DU MÊME AUTEUR

L'espace d'un matin (Gallimard, 1956)

Lautréamont, génie ou maladie mentale (Minard, 1978)

L'énigme du Vivant (Buchet-Chastel, 1987)

Transfusion et Sida, le droit à la vérité (Frison-Roche, 1992)

Mourir en paix (Albin Michel, 1994)

ISBN 2-87671-253-9

Table des Matières

Introduction

Jacques Monod était riche de dons variés. Il a marqué son époque par sa réflexion philosophique et son engagement humaniste autant que par ses accomplissements scientifiques qui lui ont valu le prix Nobel.

J'ai puisé une grande part de mes informations dans la riche documentation du « Fonds Monod », aux Archives de l'Institut Pasteur, ainsi que dans « *Hommage à Jacques Monod* » — *Les origines de la Biologie moléculaire,* ouvrage contenant les témoignages de 38 de ses anciens collaborateurs, rassemblés par André Lwoff et Agnès Ullmann (Éd. Études vivantes, 1980).

Partie 1

JACQUES MONOD, L'HOMME DE SCIENCE

NAISSANCE D'UNE VOCATION

Lors de la première guerre mondiale, le père, Lucien Monod, réformé en raison de graves séquelles de poliomyélite, quitte Paris avec son épouse américaine et ses enfants — dont Jacques, le cadet, né le 9 février 1910. La famille se fixera à Cannes dans le « Clos Saint Jacques », une propriété achetée en 1919.

À 18 ans, à l'issue d'études secondaires effectuées au collège de Cannes, Jacques Monod hésite un moment entre une carrière scientifique et une activité artistique. Ce n'est pas la peinture qui l'attire à l'exemple de son père (car il est daltonien et n'est pas doué pour le dessin), mais la musique. Il optera finalement pour les sciences de la nature en attribuant cette vocation à l'influence paternelle : « Il m'est difficile (écrit-il) de mesurer tout ce que je dois à mon père, chez qui la sensibilité d'un artiste s'alliait à une prodigieuse érudition et à un goût passionné pour les œuvres de l'esprit. Il nourrissait une foi positiviste dans les progrès conjugués de la Science et de la Société. C'est à lui, qui lisait Darwin, que je dois de m'être très tôt intéressé à la biologie ». Ce père n'admire pas seulement Darwin, il apprécie aussi Stuart Mill, Auguste Comte, Spencer et beaucoup d'autres.

Lors d'une allocution qu'il prononcera le 8 décembre 1972 à l'intention des lauréats à la « Fondation de la Vocation », Jacques Monod dira : « la *vocation*, un des plus beaux mots de la langue française, mot qui d'ailleurs nous vient des Écritures, presque exclusivement employé autrefois dans son sens religieux. Le sens s'en est élargi aujourd'hui sans rien perdre de sa plénitude, avec son contenu d'appel, d'espoir, de contrainte acceptée, de rêve éveillé. Ce rêve qui prépare l'action et la création elle-même ». Il ne fera aucune allusion à ses propres hésitations initiales entre science et musique. Pourtant, ce n'est pas sans regrets qu'il renoncera à une carrière musicale.

Au lendemain de l'annonce du prix Nobel (décerné à l'équipe Lwoff en 1965), Boris Ephrussi, un de ses premiers maîtres, lui écrivit des États-Unis pour le féliciter :

« Mon cher Jacques, je me dis que je n'ai pas mal fait, après tout, de vous avoir pressé — il y a de cela exactement trente ans — de ne pas accepter le poste de chef d'orchestre qu'on vous offrait à Pasadena. Ceci dit, je me hâte d'ajouter que l'expérience ne comporte pas de témoin et qu'il n'est pas invraisemblable que, si vous aviez opté pour l'autre voie, vous conduiriez aujourd'hui l'orchestre de Boston, ou de Cleveland, ou de New York. On ne saura donc jamais... ».

Jacques Chancel, à « Radioscopie » en novembre 1970, l'interroge sur les raisons de son choix :

— « Vous avez fait des études classiques solides, de la philosophie et vous vous êtes découvert doué pour les mathématiques, pourquoi êtes-vous devenu biologiste ? » Jacques Monod répondit :

— « Je ne suis pas du tout mathématicien, élevé dans une famille où on ne connaissait que les "humanités", j'étais parfaitement nul en mathématiques. J'ai fait mes études au lycée de Cannes et, quand je suis venu à Paris, j'ai décidé de faire de la biologie. L'on m'a donné le "livret de l'étudiant" : beaucoup d'explications sur beaucoup de choses et notamment sur l'École Normale. J'ai découvert qu'elle préparait essentiellement au professorat d'enseignement secondaire. Ce n'était pas du tout dans mes intentions. Au Secrétariat de la Faculté, on m'a conseillé de m'inscrire pour une licence de Sciences naturelles. Je l'ai obtenue rapidement et je me suis aperçu que je ne savais rien, m'étant rendu compte que cet enseignement universitaire était en retard de vingt ans sur les connaissances modernes en biologie ».

— « Au cœur de tant de choses graves, observe Jacques Chancel, vous demeurez passionné de musique »...

— « Je jouais du violoncelle et je faisais un peu de direction d'orchestre en amateur. Si je m'étais senti des dons véritables, j'aurais certainement choisi la musique plutôt que la science. Mais pour être musicien, il faut être né avec un certain arrangement de neurones qui me manquait, tandis que pour être un homme de science convenable, il suffit d'un peu de discipline intellectuelle. Aucun talent particulier n'est nécessaire, à moins de se lancer dans la "grande science", comme la physique théorique. Pour être un bon biologiste, discipline et logique sont amplement suffisantes ».

Les premiers pas en biologie

Jacques Monod arrive à Paris en 1928 pour préparer la licence de Sciences naturelles. Il habite chez son frère aîné Philippe. Durant l'été 1929, la préparation du certificat de Zoologie le conduit à la Station de Biologie marine de Roscoff[1].

Ce séjour à Roscoff allait avoir une importance décisive sur l'orientation de la carrière du jeune Monod. C'est là, en effet,

---

1. J'ai de mon côté passé, en 1931, des vacances de Pâques studieuses dans cette même station marine, au cours de mon PCN (l'année préparatoire à la médecine). Il m'est donc facile d'imaginer combien J. Monod a dû goûter les équipées en mer, d'où l'on ramenait au labo la faune océane à étudier, ainsi que la salubre atmosphère de camaraderie, les discussions sur le toit-terrasse, assis sur les vertèbres d'une baleine.

qu'il allait rencontrer la plupart de ses futurs maîtres, à peine plus âgés que lui. Tout d'abord Boris Ephrussi, russe d'origine, qui avait en 1919 quitté son pays pour Paris, où il devait si bien réussir qu'il allait devenir Directeur de l'Institut de Biologie physico-chimique et, par la suite, premier titulaire d'une chaire de génétique en France.

Ce sera Ephrussi qui incitera Jacques Monod à l'accompagner aux États-Unis comme assistant dans le laboratoire de T. H. Morgan, et pour cela lui obtint une bourse de la Fondation Rockefeller. Ce premier séjour au « California Institute of Technology », en 1936, sera pour Monod une révélation. Il y découvrira les méthodes de travail américaines, si éloignées de celles de la Sorbonne. Il observera à « Caltech » comment fonctionne un grand centre de recherche américain : les relations entre chercheurs sont faciles, dénuées de formalisme, sans souci d'âge ni de hiérarchie. Ce sera aussi son premier contact avec la génétique dans un laboratoire pionnier en ce domaine.

Ce stage devait en outre lui sauver indirectement la vie : après avoir fait partie d'un premier voyage au Groenland durant l'été 1934 sur le *Pourquoi Pas ?*, il s'apprêtait à participer à une nouvelle expédition en tant que naturaliste — suivant ainsi l'exemple du jeune Charles Darwin un siècle plus tôt à bord du *Beagle*. Le séjour américain l'obligea à y renoncer. Le grand voilier ne revint jamais, il se perdit corps et biens le 16 septembre 1936 sur les côtes d'Islande au cours d'une terrible tempête. Charcot et quatre autres scientifiques y trouvèrent la mort, il n'y eut qu'un seul rescapé, un homme d'équipage...

Boris Ephrussi confia à Horace Judson (*The Eighth Day of Creation*, Simon & Schuster, 1979) que le jeune Monod lui avait causé quelque souci à Pasadena : il ne s'était pas montré l'assistant assidu et docile qu'il escomptait. Très indépendant, un peu grisé par le succès qu'il rencontrait dans la société américaine, il s'était comporté comme un enfant gâté, plus intéressé par la musique et les mondanités que par la génétique.

À son retour de Californie, attiré par la biochimie plus que par la génétique, J. Monod préférera travailler dans le laboratoire de Teissier à la Sorbonne, plutôt que de poursuivre avec Ephrussi les études commencées aux États-Unis — ce qui n'empêchera pas les deux hommes de développer une grande amitié et une vive estime réciproques.

J. Monod avait auparavant passé un an à Strasbourg dans le laboratoire d'Édouard Chatton, spécialiste des infusoires, où il apprendra à cultiver les « ciliés », mais curieusement, il n'en parlera jamais. Il occupera ensuite un poste d'assistant au Laboratoire de Zoologie de la Faculté des Sciences (de 1934 à 1945).

C'est lors de son séjour à Roscoff que Monod travaillera pour la première fois avec Louis Rapkine, qui deviendra pour lui un modèle et, comme nous le verrons, un ami très proche. C'est là aussi que se situera sa première rencontre avec André Lwoff, son aîné de huit ans, qui allait dominer toute sa carrière. C'est à Roscoff encore qu'il fera la connaissance de la sœur de Mme Georges Teissier (épouse du directeur de la station marine), Odette Bruhl, qui allait devenir sa femme neuf ans plus tard.

Son travail en Sorbonne sur la croissance des unicellulaires sera fortement perturbé par les années de guerre et de résistance. En 1941, il soutient sa thèse de Doctorat-ès-Sciences : « Recherches sur la croissance des cultures bactériennes ». C'est à cette occasion que le directeur du laboratoire de zoologie allait faire une remarque demeurée fameuse, il confia à Lwoff qui faisait partie du jury : « Ce que fait ce jeune homme n'intéresse vraiment pas la Sorbonne... » Lwoff fut pour sa part si vivement intéressé qu'il offrit à Monod de venir travailler avec lui à l'Institut Pasteur. C'est pourquoi, durant les années d'occupation — lorsque Jacques ne disparaissait pas dans le maquis — on le rencontrait plus souvent chez Lwoff qu'à la Sorbonne où il se savait surveillé par la Gestapo.

* *
*

LE « GRENIER » D'ANDRÉ LWOFF ET LA NAISSANCE DE LA BIOLOGIE MOLÉCULAIRE

Au lendemain de la guerre, au sortir de la lutte, d'abord clandestine puis ouverte dans l'armée De Lattre de Tassigny[1], Jacques Monod est engagé à Pasteur dans le service de Physiologie microbienne créé en 1938 par André Lwoff. Il quitte sans regret le laboratoire de zoologie, où il travaillait livré à lui-même, environné de singes empaillés. Toute sa carrière se déroulera dès lors à l'Institut Pasteur dont il deviendra le Directeur en 1971.

La débâcle, l'occupation, les restrictions, l'éparpillement des chercheurs, leur dispersion dans la résistance ou en France Libre, pour certains le refuge à l'étranger, avaient désorganisé les laboratoires de recherche français. Ils étaient privés de réactifs, de subsides, de publications, de contacts avec l'étranger. Au lendemain de la guerre, l'activité va reprendre en dépit des restrictions. Des équipes se forment ou se reconstituent. Les États-Unis ont joué un rôle décisif dans cette remise en route de la recherche européenne[2]. Grâce à des dotations de recherches et à des subventions longtemps renouvelées sans conditions, les laboratoires français purent se procurer du matériel moderne, engager des chercheurs et combler leur retard. L'Institut Pasteur fut le plus éminent bénéficiaire de cette aide américaine. L'équipe Lwoff put et sut rattraper le temps perdu et parvint à redonner son lustre à l'Institut.

Le service de Physiologie bactérienne se trouvait sous les combles au deuxième étage du bâtiment de Chimie biologique. Il comprenait deux pôles, reliés par un long couloir encombré d'appareils. À une extrémité, le laboratoire de Monod, où travaillaient deux de ses collaboratrices, Germaine Cohen-Bazire et Annamaria Torriani, ainsi qu'une assistante technique, Madeleine Jolit.

---

1. Voir partie 3, p. 158.

2. J'ai pu en bénéficier pour ma part dans le domaine de l'hématologie.

À l'autre extrémité, « du côté de chez Lwoff », un petit groupe était constitué par Lwoff, sa femme Marguerite et Pierre Schaeffer, auquel vint s'adjoindre en 1944 Elie Wollman, qui avait passé deux ans à Pasadena chez Max Delbrück (le spécialiste incontesté des « phages »). Eugène et Élizabeth Wollman, parents d'Elie, tous deux morts en déportation, avaient étudié les « phages » dans les années 30 et constaté qu'ils pouvaient infecter des bactéries sans s'y reproduire et sans les lyser [rappelons que les bactériophages sont des virus infectant les bactéries, découverts par le Français Félix d'Hérelle dans les années 20]. André Lwoff va poursuivre l'étude de ces phages « dormants », qu'il dénommera « prophages », et de ces bactéries dites « lysogènes » (résistant à la lyse).

François Jacob est venu s'ajouter au groupe en 1949 : médecin engagé dans les forces de la France Libre, il est convalescent d'une grave blessure de guerre. Après un passage au « Centre de pénicilline de l'Armée », où le travail de routine l'avait laissé insatisfait, il décide de suivre le « grand cours de Pasteur ». Il en profite pour solliciter à diverses reprises une place chez Lwoff. Il n'est accepté qu'au bout de plusieurs tentatives infructueuses (À quoi peut tenir parfois un Nobel !)

En 1946, un symposium est organisé par Max Delbrück et Salvador Luria à Cold Spring Harbor. Cette réunion a de l'avis général véritablement marqué la naissance de la biologie moléculaire. Pour la première fois, se trouvaient en effet rassemblées des données entièrement neuves concernant les caractéristiques génétiques des phages et les échanges génétiques entre bactéries : Joshua Lederberg, un jeune Américain de vingt ans, venait de mettre en évidence avec Edward Tatum la possibilité d'échange génétique entre deux souches mutantes de colibacilles (incapables chacune de synthétiser un acide aminé différent)[1].

1. Cette révélation d'une « sexualité des bactéries » fut ultérieurement confirmée par Cavalli-Sforza en Italie et Hayes à Londres.

J. Monod était revenu enthousiaste de cette réunion, où dira-t-il, « la biologie moléculaire avait pris corps et âme ». Pour sa part, il y avait fait un exposé sur « Le phénomène de l'adaptation enzymatique et ses rapports avec la différenciation cellulaire ». Il avait un instant envisagé de travailler sur les phages, mais il voulait tout d'abord tirer au clair le mécanisme biochimique de l'adaptation enzymatique, phénomène dont il avait entrepris l'étude dès 1942 en suivant la croissance de micro-organismes sur divers milieux de culture. A. Lwoff l'avait aisément convaincu d'abandonner l'étude des infusoires pour s'adresser aux bactéries, en raison de leur rapidité de reproduction — choix qui se révélera essentiel, car l'ADN des bactéries se trouve libre dans le cytoplasme et totalement exprimé.

En étudiant la cinétique de la croissance des colibacilles en présence de divers sucres, Monod avait observé une courbe de croissance régulière en présence de glucose seul. En revanche, en présence d'un mélange de glucose et de lactose, la courbe se décomposait en deux poussées successives[1] : après épuisement du glucose, les bactéries se montraient capables d'utiliser secondairement le lactose. Perplexe, il interrogea Lwoff. Celui-ci suggéra qu'il s'agissait d'*adaptation enzymatique,* phénomène entrevu par Duclaux au début du siècle, puis étudié en 1940 par Marjorie Stevenson, mais qui n'avait pas encore trouvé d'explication. Dès lors, Monod allait s'attacher avec une remarquable persévérance à élucider la façon dont ces bactéries parvenaient à développer l'équipement enzymatique leur permettant d'utiliser le lactose. Un des avantages qu'il trouvait au « système lactose » était que ce sucre n'étant pas indispensable, il permettait des expériences qui ne mettaient pas en péril la viabilité des bactéries. Des années durant, il échafauda des expériences de plus en plus raffinées pour démonter pas à pas le

1. Phénomène qu'il désigna du nom de « diauxie ».

mécanisme de cette adaptation. Il eut pour ce faire un précieux collaborateur américain en la personne de Melvin Cohn[1].

Voici comment Mel Cohn décrit ses débuts à Pasteur (*Hommage à Jacques Monod*, 1980) : « Au début de l'hiver 1948, j'ai commencé mon travail post-doctoral à Pasteur où nous étions installés dans un grenier. À un bout de celui-ci se trouvait le laboratoire fermé d'André Lwoff, sur la porte duquel était apposée une caricature du duc de Wellington haranguant ses officiers après la bataille de Waterloo et déclarant : "Une tasse de thé m'a clarifié l'esprit et débarrassé de toute idée fausse". À l'autre bout, il y avait le laboratoire que nous occupions Jacques Monod, Annamaria Torriani et moi. Cette année-là, l'hiver parisien sans chauffage fut féroce. L'acide acétique restait gelé... Jacques passait maintes après-midi à faire répéter des œuvres de Bach qu'il devait diriger à Noël... J'avais un bureau trop mal éclairé pour y travailler le soir. J'ai bientôt appris que la tombe de Pasteur était, elle, fort bien illuminée. Grâce à un concierge compréhensif, la grille y conduisant n'était pas fermée à clef la nuit. Étalant mes papiers sur la pierre tombale, j'y travaillais sereinement jusqu'à des heures avancées, entouré de mosaïques criardes illustrant les découvertes de Pasteur. Un soir Monod, qui faisait faire le tour des lieux à des visiteurs, m'y a surpris. Il a trouvé mon idée si bonne que nous avons passé maintes soirées à échanger des propos par dessus le masque mortuaire du saint patron de l'Institut. Peu à peu, nous sommes passés de l'anglais au français et du vous au tu ».

La caractérisation de la bêta-galactosidase, une enzyme capable de scinder le lactose (en galactose et glucose), constituera

1. Lors du symposium de Cold Spring Harbor, Alvin Pappenheimer très intéressé par l'exposé de Monod sur l'adaptation enzymatique avait proposé à son élève Mel Cohn de passer une année à l'Institut Pasteur. Cohn allait y travailler durant sept ans, en deux périodes (1948-1953 et 1961-1963).

une étape essentielle dans l'élucidation du mécanisme qui permet au colibacille de produire cette enzyme en cas de besoin. Elle est aisément testée à l'aide d'un substrat chromogène (donnant une couleur jaune bien perçue par le daltonien Monod). Toute une série de sucres, naturels ou de synthèse, susceptibles de se comporter en inducteurs de la galactosidase seront méthodiquement testés. Contrairement à l'attente, certains composés, loin de se montrer « inducteurs », se comportaient en inhibiteurs, d'autres se montraient excellents inducteurs bien que non scindés par la galactosidase (Monod les appellera des « inducteurs gratuits »).

Ces expériences révélaient que la synthèse de la galactosidase était induite d'emblée et se développait régulièrement, ce qui excluait l'idée première d'un précurseur commun (une proenzyme). Il s'agissait donc d'une synthèse *de novo,* ce qui à l'époque n'avait rien d'évident (l'on croyait encore que la synthèse des protéines se faisait par assemblage dynamique entre acides aminés, ou par échange entre protéines).

Dans l'*Hommage à Jacques Monod* (1980), Germaine Cohen-Bazire évoque ces deux fécondes années (1959-1960) : « Annamaria Torriani, Mel Cohn, Madeleine Jolit et moi, avons travaillé étroitement avec Jacques Monod. Feuilletant mes vieux cahiers d'expériences, je retrouve non sans nostalgie des protocoles écrits de sa main et parfois des réflexions qui lui venaient à l'esprit. Ainsi le 5 février 1951 : "Ô surprise, Ô beauté simple et naïve et intelligible, l'activité est proportionnelle à la concentration de l'inducteur." Le 9 du même mois : "Triste jour, j'entre dans ma 42e année. Ce n'est pas que cet âge me déplaise, mais il me rapproche d'un âge qui me plaît moins". »

« Je me souviens, écrit de son côté A.-M. Pappenheimer, d'avoir demandé à Jacques Monod ce qu'il recherchait exactement. Il m'a répondu que ce qu'il espérait faire un jour, c'était la synthèse de la bêta-galactosidase dans un tube à essai en utilisant un système acellulaire. Je me rappelle lui avoir dit :

"Jacques, si tu réussis, tu feras ce qu'a fait le Bon Dieu. Cela reviendra à créer la vie...". Je n'imaginais pas que dans un délai inférieur à vingt ans ce serait accompli, non seulement pour la galactosidase, mais aussi pour d'autres protéines et dans mon propre laboratoire par Jack Murphy pour la toxine diphtérique. »

À l'autre bout du couloir, les études sur le prophage progressaient pareillement : Wollman et Jacob avaient sélectionné des clones hébergeant un prophage dont la réplication se montrait inductible par les rayons UV[1] (propriété d'induction liée au phage et non à la bactérie). Elie Wollman se rendit à Londres en mai 1952 pour ramener un échantillon d'une souche mutante « Haute fréquence de recombinaison » (K 12, Hfr), qui venait d'être obtenue par W. Hayes[2]. Entre les deux équipes du grenier, les échanges étaient permanents : ils avaient surtout lieu durant l'entracte du déjeuner. Lwoff arbitrait les discussions avec calme, finesse et simplicité. Des réunions mensuelles auxquelles participaient les hôtes étrangers de passage étaient organisées au « Club de physiologie cellulaire ». Il y régnait un stimulant mélange de camaraderie, de concurrence et d'émulation. Jacques Monod et Boris Ephrussi dominaient ces échanges de leur vif esprit critique.

Au début des années 50, les connaissances sur les protéines avaient fait de grands progrès, grâce en particulier aux travaux de Linus Pauling[3], cependant que l'ADN ne suscitait qu'un mo-

---

1. Une souche mutante fut isolée, où les phages donnaient une plage de lyse claire (alors que jusque-là toutes les plages de lyse étaient troubles). Il s'avéra possible d'infecter avec le phage clair les souches donnant des plages troubles. L'infection demeurait latente, inhibée dans les bactéries lysogènes, mais elle se trouvait révélée par irradiation ultra-violette.

2. Souche où une fraction importante des bactéries se comportait comme des donneurs mâles, avec une fréquence plus de mille fois plus grande que dans la souche originelle de Lederberg.

3. Qui obtient en 1954 le prix Nobel de Chimie pour avoir mis en évidence la structure primaire en hélice des protéines.

deste intérêt. Pourtant cette macromolécule avait été chimiquement caractérisée (dans sa composition globale) dès la fin du siècle précédent par un Suisse, Miescher, et son rôle dans la transmission des caractères héréditaires avait été mis en évidence en 1944 par Avery.

L'intérêt pour l'ADN va s'imposer de façon inattendue lors du colloque organisé à Oxford par la « Society for General Microbiology », à Pâques 1952 : un rapport de Salvador Luria, un des pionniers du groupe phage, était annoncé, et l'on savait par les extraits qui circulaient qu'il plaidait en faveur de la transmission des caractères héréditaires par des protéines. Mais Luria, considéré aux États-Unis comme un pacifiste de gauche, n'avait pu obtenir de visa pour venir en Angleterre. Il avait en conséquence demandé à Jim Watson, un de ses élèves en stage à Cambridge, de lire son rapport à sa place.

Le moment venu, au lieu de présenter la communication de son maître, Watson brandit une lettre qu'il venait de recevoir de Al Hershey. À la surprise de l'auditoire, il se mit à la lire avec excitation : la missive rapportait une expérience de Hershey et Marta Chase aboutissant à des conclusions diamétralement opposées à celle de Luria : après avoir marqué les protéines d'un phage avec du soufre radioactif et son ADN avec du phosphore radioactif, ils avaient constaté qu'au cours de l'infection de la bactérie, les protéines du phage demeuraient à la surface, tandis que l'ADN pénétrait dans la bactérie. Ceci démontrait que l'injection d'ADN dans la cellule hôte suffisait à la production de nouvelles particules virales.

F. Jacob rapporte l'effet produit sur lui comme sur l'assistance par la prestation du jeune Américain (*La statue intérieure,* Éd. Odile Jacob, 1987) : « Jim Watson était un personnage stupéfiant. Long, dégingandé, il avait un style inimitable. Inimitable par sa manière de s'habiller : bannière au vent, genoux à l'air, chaussettes aux chevilles. Inimitable par son air ahuri et ses mimiques ; les yeux toujours écarquillés, la bouche toujours ouverte, il proférait de petites phrases ponctuées de Ah ! Ah !... »

Trois mois plus tard, le rôle clé de l'ADN comme support de l'hérédité se précisait au cours du colloque organisé par Lwoff à l'Abbaye de Royaumont (à l'issue du Congrès International de Biochimie de Paris en juillet 1952), mais l'événement crucial sera la publication, faite au début 1953 par Watson et Crick, de la découverte de la structure en double hélice de l'ADN[1]. Cette remarquable avancée, qui constituera un préalable aux découvertes ultérieures non moins importantes de Jacob et Monod, mérite qu'on s'y arrête.

* *
*

LA DOUBLE HÉLICE

La façon dont la double hélice fut découverte est contée avec désinvolture par Jim Watson dans un livre qui fera sensation (Robert Laffont, 1968). Le jeune Américain décrit avec brio et humour son séjour de deux ans en Europe (1951-1953), d'abord au Danemark, puis au Cavendish Laboratory à Cambridge. Son récit n'épargne aucun des petits travers des chercheurs, de leur rivalité, de leurs tâtonnements, mais il révèle surtout ce qu'une découverte nécessite de persévérance et d'obstination.

Au Cavendish, Francis Crick partage d'emblée l'intérêt de Jim Watson pour la structure moléculaire de l'ADN. Ils décident de construire ensemble une maquette, comme l'avait fait avec succès Linus Pauling pour établir la structure en alpha-hélice des

1. Découverte qui vaudra à Watson, Crick et Wilkins, le prix Nobel en 1962.

protéines. Ils craignent d'ailleurs que ce dernier ne vienne s'attaquer à l'ADN avec tout son savoir faire et les prenne de vitesse. Crick et Watson vont collaborer de façon ambiguë avec Maurice Wilkins et avec son assistante Rosalind Franklin (que Jim appelle Rosy). Ils ont besoin d'eux pour la cristallographie de l'ADN, mais en même temps, ils craignent leur concurrence — d'autant que Rosy considère la cristallographie comme sa chasse gardée. Partant des photos d'ADN cristallisé obtenues par l'équipe londonienne, ils se lancent dans la construction d'un modèle à trois dimensions[1].

À Pâques 1952, les microbiologistes s'étaient retrouvés, nous l'avons vu, au Colloque de la Society for General Microbiology à Oxford. « Presque personne, écrit Watson, parmi une assistance de plus de quatre cents biologistes, ne parut intéressé par ma lecture de longs extraits de la lettre de Hershey. Les seules exceptions furent André Lwoff, Seymour Benzer et Gunther Stent, qui avaient fait un saut depuis Paris. Eux avaient compris que les expériences d'Hershey n'étaient pas banales et que dorénavant on devrait accorder plus d'importance à l'ADN. »

La paire Watson-Crick poursuit la modélisation de l'ADN. Ils se heurtent à la difficulté de situer les bases azotées ; en raison de leur encombrement inégal, ils supposent qu'elles sont à l'extérieur, « branchées sur une colonne vertébrale sucres-phosphates ». Ils n'ignorent pas l'observation ancienne de Chargaff : un échantillon donné d'ADN contient des quantités toujours semblables d'adénine (A) et de thymine (T), ainsi que de cytosine (C) et de guanine (G) — cependant que les teneurs totales en bases AT et CG diffèrent d'un échantillon d'ADN à l'autre.

Du colloque organisé à Royaumont (juillet 1952), Jim a surtout retenu la réception de clôture dans la maison de campagne

1. Il s'agit de disposer en spirale les trois composants connus de l'ADN : sucres, phosphates et bases azotées en tenant compte des distances commandées par les atomes en présence.

de la baronne Edmond de Rothschild. Il raconte comment ses bagages lui ayant été volés quelques jours auparavant, il avait dû faire sa communication en short. Lwoff avait prévenu la baronne « qu'elle risquait de voir un individu dévêtu se livrer à des excentricités ». Comme on lui avait prêté au dernier moment une tenue présentable, il ne fut pas remarqué. Il fut donc surpris au moment du départ d'entendre leur hôtesse « regretter que l'Anglais fou de Cambridge[1] ne se soit pas décidé à venir pour égayer l'atmosphère ».

Au début de janvier 1953, le fils de Linus Pauling qui prépare une thèse au Cavendish, communique à Watson et Crick, la copie qu'il vient de recevoir d'un article paternel concernant la structure de l'ADN. Jim et Francis le lisent le cœur battant. La structure proposée est celle d'une triple hélice avec le squelette sucres-phosphates à l'intérieur. D'emblée, ils remarquent que dans le schéma proposé les groupes phosphates n'ont aucun hydrogène libre, ce qui apparaît incompatible avec la fonction acide bien établie des acides nucléiques. Enchanté qu'un tel géant de la chimie ait pu se tromper, Jim court à Londres montrer l'article à Maurice Wilkins, lequel confirme l'impossibilité de la structure proposée. À l'occasion de cette rencontre, Wilkins montre les derniers clichés de diffraction des rayons X obtenus par Rosalind Franklin. Les photos sont d'une très grande qualité et permettent d'affirmer avec certitude une structure en hélice.

Dès son retour à Cambridge, Jim Watson essaie un modèle à deux chaînes, en plaçant cette fois-ci les bases à l'intérieur, mais les distances entre les paires homologues ainsi formées sont trop inégales. Jerry Donohue, cristallographe américain spécialiste des liaisons hydrogènes, qui partage la même pièce, lui fournit alors une indication qui s'avérera déterminante : les bases azotées ont toutes chances d'avoir un de leurs carbones

1. Watson est américain.

sous une forme cétonique (CO) et non pas sous la forme énolique (COH) adoptée par Jim. Celui-ci se remet à l'œuvre, mais la disparité entre purines et pyrimidines se révèle encore plus grande sous la forme cétonique. Francis Crick ne croit pas, pour sa part, à un appariement de bases identiques, car cela ne cadrerait pas avec les données de Chargaff (adénine = thymine, guanine = cytosine).

Le lendemain, en manipulant une fois de plus ses bases, Watson découvrit avec jubilation qu'une paire adénine-thymine occupait le même espace qu'une paire guanine-cytosine. Ces paires ainsi disposées se montraient tout naturellement complémentaires, il était possible de les retourner sans que l'orientation des liaisons bases-sucres se trouvât modifiée. C'était gagné ! Tout s'éclairait, une chaîne devenait la matrice de sa séquence complémentaire, la duplication de l'ADN était expliquée.

L'article, d'une grande brièveté malgré son importance historique, « A structure for deoxyribose nucleic acid, by J. D. Watson and F. H. C. Crick, » paraîtra le 25 avril 1953 dans *Nature* (171, 346, 1953). Une petite phrase illustre la coquetterie de *l'understatement* anglo-saxon : « Il n'a pas échappé à notre attention que l'appariement spécifique des bases, que nous avons proposé, suggère immédiatement un mécanisme possible de réplication pour le matériel génétique ».

Au lendemain de cet achèvement, Jim Watson, invité par Boris Ephrussi, part avec sa sœur Élisabeth pour Paris, où il fêtera son 25e anniversaire. Il a tout pour être heureux. Pourtant, évoquant le moment où il revient seul à pied à l'hôtel, voici comment il termine son récit : « Pour l'instant, j'étais seul, admirant les filles aux cheveux longs près de Saint-Germain-des-Prés, tout en sachant qu'elles n'étaient pas pour moi. J'avais vingt-cinq ans et j'étais trop vieux pour être intéressant »...

Au symposium suivant, organisé par Max Delbrück à Cold Spring Harbor, à l'été 1953, le clou du programme fut bien entendu la présentation de la structure de l'ADN par Jim Watson. Voici comment François Jacob la décrit :

« L'air plus ahuri que jamais, la chemise au vent, les jambes nues, le nez dressé, les yeux écarquillés, coupant son discours de brèves exclamations qui soulignaient l'importance de son propos, Jim expliqua dans le détail la structure découverte avec Francis Crick (...) ainsi que les conséquences biologiques, les mécanismes qui sous-tendaient les propriétés reconnues au matériel génétique : pouvoir de se répliquer, de muter, de déterminer les caractères de l'individu. Un instant la salle resta muette. Quelques questions, mais pas de critiques, pas d'objections. Il y avait dans cette structure une telle simplicité, une telle perfection, une telle harmonie, une telle beauté même. Les avantages biologiques en découlaient avec tant de rigueur, tant d'évidence, qu'on ne pouvait pas ne pas la croire vraie (...) L'un des plus vieux problèmes posés depuis l'Antiquité par le monde vivant, l'hérédité, venait se résoudre dans les propriétés d'une espèce moléculaire. La production du même par le même, la variation, le réassortiment des caractères au fil des générations, tout cela découlait de la distribution complémentaire de quelques radicaux chimiques alignés au long de deux chaînes. De toute évidence, c'était un tournant dans l'étude du monde vivant. Une période exaltante s'ouvrait pour la biologie. »

Les relations allaient dès lors s'intensifier au sein de ce petit club fermé constitué par des biochimistes et des spécialistes de la génétique des bactéries et des virus. Ils communiquaient entre eux, ils échangeaient des stagiaires et des souches bactériennes mutantes. Par une sorte de téléphone arabe, ils avaient vent des résultats obtenus chez les autres avant publication. Ainsi, les bases de la biologie moléculaire allaient s'édifier en moins d'une décennie. Dans ce concert, Jacob et Monod allaient apporter une contribution décisive.

* *
*

DÉCOUVERTE DE LA RÉGULATION GÉNÉTIQUE DE LA SYNTHÈSE CELLULAIRE DES PROTÉINES

Depuis une dizaine d'années, Monod poursuivait méthodiquement l'étude de l'adaptation enzymatique qui offrait à ses yeux un modèle privilégié de synthèse protéique, à l'intersection de la génétique et de la chimie biologique. Observant que certains sucres se comportaient en inducteurs sans être des substrats pour l'enzyme induite (la β-galactosidase), il en conclut que l'agent inducteur devait agir sur un constituant autre que l'enzyme. L'inhibition exercée par certains autres sucres suggérait un mécanisme commun à l'induction et à la répression.

Pour comprendre ces recherches, il faut résumer les principaux travaux qui, entre 1953 et 1960, vont permettre d'élucider le mécanisme de la régulation génétique de la synthèse des protéines.

Au cours de l'hiver 1952, l'équipe Monod isole une souche mutante capable de synthétiser une « tryptophane-synthétase » et constate que cette synthèse peut être bloquée par l'addition de tryptophane, c'est-à-dire par le produit final de la réaction. Des résultats analogues seront obtenus aux États-Unis par Aaron Novick. Léo Szilard considère ce mécanisme de régulation rétroactive comme très répandu et suggère que la régulation des synthèses protéiques met en jeu une répression plutôt qu'une induction[1].

À la fin de l'année 1954, J. Monod est nommé Directeur du Service de Biochimie cellulaire, succédant à M. Machebœuf décédé. Il va pouvoir s'épanouir dans les vastes locaux du rez-de-chaussée, où il s'installera après leur rénovation grâce à une

1. Dans la préface qu'il rédigera pour une publication posthume d'articles scientifiques de Léo Szilard, en 1968, J. Monod rend hommage à ce brillant esprit auquel, dit-il, « il avait dû de s'être réconcilié de façon décisive avec l'idée qu'il avait longtemps repoussée, celle que l'induction enzymatique pouvait résulter d'un effet anti-répressif ».

donation de la famille Rothschild. Il peut à présent élargir son équipe. Parmi les nouveaux arrivants, mentionnons Georges Cohen, rencontré en 1944 pendant la résistance, alors qu'il adhérait comme Monod aux FTP, un groupe d'obédience communiste[1]. G. Cohen mettra en évidence, avec Howard Rickenberg, la co-induction par les sucres chez E. Coli d'une nouvelle enzyme, la « perméase ». Pour utiliser le lactose en l'absence de glucose, cette enzyme, distincte de la galactosidase, apparaît en effet nécessaire à la pénétration du lactose dans le corps bactérien. Certains mutants, dits « constitutifs », se révèlent capables de synthétiser les deux enzymes (galactosidase et perméase) en l'absence de lactose. Avec son esprit enclin à unifier et généraliser, Jacques Monod suggère de façon prémonitoire dans les *« Annales de l'Institut Pasteur »* n° 91, p. 829, 1956), avec H. V. Rickenberg, G. N. Cohen, et G. Buttin, que la synthèse (inductible ou constitutive) de plusieurs enzymes distinctes pourrait « être gouvernée par un même déterminant génétique n'ayant apparemment aucune influence sur la structure même de ces enzymes ».

Durant ces mêmes années (1953-1956), Elie Wollman et François Jacob demeurés dans « le grenier », poursuivent leurs expériences de conjugaison bactérienne en utilisant la souche mutante ramenée du laboratoire de William Hayes (K12 Hfr, comportant une forte proportion de bactéries capables de transférer une partie de leur ADN). Ils effectuent des croisements entre bactéries lysogènes (hébergeant des prophages) et bactéries non lysogènes (sans prophage), en vue de comprendre et de localiser ce qui bloque l'expression du prophage.

---

1. Tandis que J. Monod prenait, dès 1945, ses distances avec le Parti, G. Cohen, lui, ne s'en séparera que trois ans plus tard, au moment de l'affaire Lyssenko (sur laquelle je reviendrai). Plus jeune de dix ans que Monod, il était entré à l'Institut Pasteur en 1943 et travaillait dans l'annexe de Garches qu'il quittera en 1955 pour le nouveau service de Biochimie cellulaire (qu'il dirigera à son tour lorsque Monod deviendra directeur général de l'Institut).

Dans *La statue intérieure,* François Jacob souligne l'apport d'Elie Wollman : « À ce jeu (l'interprétation de la combinatoire des couples), Elie était un expert. Il alliait un solide bon sens et une grande finesse à une excellente manière d'analyser l'interaction de deux corps ». Afin de pouvoir suivre le transfert génétique entre les bactéries mâles et femelles et la recombinaison qui s'opère chez la bactérie receveuse, Wollman avait imaginé d'interrompre la conjugaison à différents temps en secouant le mélange avec un mixer. Le résultat dépassa les espérances : au fur et à mesure du temps, les recombinants augmentaient et, fait remarquable, les deux caractères génétiques étudiés dans l'expérience initiale n'étaient pas transmis simultanément, mais successivement. L'expérience, recommencée avec cinq caractères génétiques distincts, confirma l'acquisition séquentielle au cours du temps, dans l'ordre même où on savait les caractères disposés sur le chromosome de la bactérie mâle, lequel se trouvait aspiré progressivement et linéairement par la bactérie femelle. Jacques Monod, en apprenant ce phénomène, le baptisa « d'expérience spaghetti », expression qu'Elie ne goûta pas, nous dit F. Jacob, « car elle manquait de noblesse pour une expérience aussi élégante ».

En comparant les caractères transmis par différentes bactéries mâles, on s'aperçut que le caractère apparaissant en premier variait, mais que le défilé se faisait toujours dans le même ordre, comme si le chromosome bactérien était circulaire et que le « facteur sexuel » pouvait le couper à un endroit ou à un autre, hypothèse confirmée peu après par John Cairns[1].

Durant ces mêmes années, l'étude de l'ADN et la recherche du code génétique se poursuivent dans plusieurs laboratoires étrangers. C'est ainsi, qu'en Angleterre, Francis Crick et Gamov postulent un code par triplet de paires de bases : à une séquence

1. Ces observations seront publiées en juin 1955 dans les Comptes Rendus de l'Académie des Sciences.

de triplets doit correspondre une séquence d'acides aminés. Crick affirme par ailleurs, comme un dogme, que l'information ne peut passer que dans le sens ADN-protéines et jamais en sens inverse. Il reste encore à déchiffrer le code exact et à élucider la façon dont l'information est transmise de l'ADN aux ribosomes (où s'effectue la synthèse des protéines).

Au début de l'automne 1957, se produisit à l'Institut Pasteur un mouvement de chercheurs qui aura d'importantes conséquences : Melvin Cohn rentre aux États-Unis, Elie Wollman se consacre à la rédaction de sa thèse avant de partir à Berkeley chez Gunther Stent. Monod et Jacob décident alors d'unir leurs technologies complémentaires (génétique et biochimique), afin de mener plus avant l'exploration du mécanisme génétique de la synthèse des protéines au niveau cellulaire. Arthur Pardee, un jeune biochimiste américain, arrive à ce moment chez Monod pour un stage d'une année. Il est venu dans l'intention d'examiner si le radiophosphore (toxique pour l'ADN) pouvait supprimer l'inductibilité de la β-galactosidase dans le système lactose. Monod lui conseilla de vérifier d'abord que la conjugaison sans radiophosphore, entre un « mâle inductible » et une « femelle non-inductible », permettait bien à cette dernière d'acquérir la capacité d'induction (il était en effet préoccupé par la difficulté de distinguer l'enzyme produite par les bactéries femelles conjuguées, de celle produite par les bactéries mâles non conjuguées). Pardee résolut le problème en utilisant des bactéries femelles résistantes à la streptomycine : après avoir interrompu la conjugaison avec un mixer selon le procédé Wollman (qui n'était plus désigné dans le labo que comme « *coïtus interruptus* »), il suffisait d'ajouter de la streptomycine à la suspension bactérienne pour éliminer la croissance et la synthèse enzymatique des seules bactéries mâles. Dans une lettre à Melvin Cohn (12 décembre 1957), J. Monod écrit : « Pardee a déjà en main un système qui est sans doute le meilleur du moment pour étudier l'expression d'un gène immédiatement après son introduction dans une bactérie. »

Il fut ainsi possible d'établir que la synthèse de la β-galactosidase commençait dès l'entrée du gène dans la bactérie femelle. Le croisement entre une souche de Coli « inductible » (exigeant la présence de lactose pour la synthèse de galactosidase) et une souche « constitutive » (n'en ayant pas besoin), permettait en effet d'observer la synthèse de la galactosidase dès le transfert de gène, synthèse qui s'arrêtait au bout d'une demi-heure pour devenir par la suite inductible[1].

Un jour de l'été 1958, François Jacob eut la soudaine intuition de la complète similitude entre les phénomènes observés avec les prophages d'une part et avec le lactose d'autre part : « Dans les deux cas, un gène gouverne la formation d'un produit cytoplasmique, d'un répresseur, qui bloque l'expression d'autres gènes, empêchant ainsi, soit la synthèse de la galactosidase, soit la multiplication du virus. Dans les deux cas, la base d'une régulation est la même : inactivation d'un répresseur, par le lactose, ou par les rayons UV ; mais il y a plus : en ce qui concerne le phage, ce ne sont pas simplement deux ou trois protéines dont la synthèse se trouve bloquée, mais au moins une cinquantaine », d'où « l'idée d'unités génétiques plus étendues que le gène, soumises à une régulation commune, qui probablement s'exerce sur l'ADN lui-même. Ensuite, l'idée d'une régulation opérant non pas progressivement, mais de manière discontinue comme un interrupteur, par un mécanisme de oui ou de non, de marche ou arrêt ».

Dès le retour de vacances, en septembre 1958, il s'en entretient avec Monod. Celui-ci se montre d'abord dubitatif, il a en mémoire certaines souches où les synthèses de perméase et de

1. Le gène « inductible » entraînait donc la formation d'un produit cytoplasmique capable d'inhiber la synthèse de l'enzyme. Le mécanisme de base de cette expérience, demeurée célèbre sous le nom d'expérience PA-JA-MO (Pour PArdee, JAcob, MOnod), devenue expérience PYJAMA, apparaissait comme l'inhibition d'une inhibition, c'est-à-dire comme une « dérépression ».

galactosidase étaient dissociées. « Monod n'aimait pas changer d'hypothèses (écrit Jacob dans *La statue intérieure*), et quand il en changeait, il aimait que cela vint de lui, non des autres. Comme souvent chez une nature aussi riche, aussi ardente, plusieurs personnages différents, voire opposés, coexistaient en Jacques Monod. Deux, si on ne considérait que l'homme de science. Le premier, disons Jacques, était un homme plein de charme, de chaleur, de générosité. Un homme qui aimait autant les gens que les idées, toujours disponible pour ses amis, toujours prêt à les écouter, à les aider. Un homme aux dons exceptionnels, qui s'intéressait à tout. Esprit rigoureux et pénétrant, n'hésitant pas à se critiquer lui-même, posant toujours les bonnes questions... Le second personnage, disons Monod, était un homme dogmatique, sûr de lui et dominateur. Un homme cherchant à capter l'attention, en quête d'hommages et d'admiration, voulant briller dans tous les domaines. Un homme qui prononçait des jugements définitifs sur tout et sur tous, qui aimait montrer à ses collègues la véritable signification de leur propre travail, mais balayait comme stupide toute objection même la plus timide (...). Sans la moindre hésitation, Jacques pouvait abandonner ses affaires et parcourir des centaines de kilomètres pour aider un ami en difficulté. En quelques phrases, Monod pouvait faire d'un ami un ennemi. Travailler avec le premier était un plaisir. Débattre avec le second devenait parfois une épreuve. Fort heureusement, à l'époque, c'était Jacques qui l'emportait le plus souvent ».

Monod, toujours soucieux d'unification, fut séduit par l'idée d'un mécanisme commun. Il restait à le démontrer en tirant parti des avantages et des inconvénients de chacun des systèmes : facilité d'analyse génétique avec le phage, mais protéines mal connues ; imprécision de la génétique avec le système lactose, mais protéines simples à doser. Des mutants purent être obtenus par transfert de gènes qui confirmèrent que dans le système lactose les deux gènes adjacents de la galactosidase et de la perméase constituaient bien une « unité d'activité ».

Lorsque Elie Wollman revint de Berkeley à l'automne 1959, il trouva les recherches de Monod et de Jacob très avancées et inextricablement liées. « Il n'y avait plus de place pour lui, écrit Horace Judson dans *Le huitième jour de la création*, ou peut-être refusa-t-il de s'y glisser. Bien qu'il ne me l'ait pas dit, ce fut pour lui une source d'amertume ».

François Jacob, lui, s'émerveillait de se trouver engagé dans un long duo avec Jacques Monod : « Avec un homme qui longtemps m'était apparu comme une sorte de héros, comme un modèle hors d'atteinte, de personnage placé sur des hauteurs qui resteraient pour moi à jamais inaccessibles. De mes années d'étudiant en médecine, j'avais conservé quelque raideur, un respect de l'ordre hiérarchique qui me faisait appeler André Lwoff, " Monsieur ", et dressait autour de Jacques Monod une barrière. Barrière qui tomba dès que commença notre collaboration de tous les jours, aussi étroite, aussi serrée qu'il était possible. Très vite, Jacques avait repris à son compte le modèle. Il l'avait fait sien, le modifiant sur quelques points en fonction de certaines données. Mettant toute sa rigueur, toute son intelligence, à en définir les différents aspects, à en dégager toutes les conséquences. Dès lors s'était tissée entre nous une relation intellectuelle d'une intensité, d'une intimité même, exceptionnelle. Chaque jour, nous passions plusieurs heures ensemble à corriger des résultats d'expérience, à les analyser, les critiquer, en tirer des déductions[1]

La conception d'un complexe génétique faisant intervenir un gène *régulateur*, produisant un *répresseur* à côté d'un gène *opérateur* commandant l'expression des gènes de structure, était en-

---

1. Jacob et Monod sont en mesure d'adresser deux notes successives à l'Académie des Sciences, pour apporter leurs conclusions et prendre date : (1) *Gènes de structure et gènes de régulation dans la biosynthèse des protéines* (F. Jacob et J. Monod. C. R. Acad. Sci. 1959, 249, 1282) ; et (2) *L'opéron : groupe de gènes à expression coordonnée par un opérateur* (F. Jacob, D. Perrin, C. Sanchez et J. Monod. C. R. Acad. Sci. 1960, 250, 1727).

tièrement neuve. Il restait toutefois à caractériser l'intermédiaire capable de transmettre les instructions de l'ADN aux ribosomes du cytoplasme (où l'on savait que s'effectuait la synthèse des protéines). Cet intermédiaire instable, provisoirement baptisé intermédiaire X, pouvait être un ARN à renouvellement rapide. Cette possibilité avait été soulevée lorsque François Gros utilisant un mutant de E. Coli incapable d'utiliser la base uracil (propre à l'ARN), avait constaté qu'un dérivé de l'uracil bloquait immédiatement la synthèse de la β-galactosidase.

L'hypothèse d'un ARN fut encore renforcée lors d'une discussion très animée entre François Jacob, Francis Crick et Sydney Brenner à Cambridge (à Pâques 1960), discussion qui se poursuivit tard dans la soirée au cours d'une « party » organisée au domicile de Crick. Elle portait sur une observation récente rapportée par Volkin et Astrachan chez des Coli infectés par certains phages, à savoir l'apparition d'un ARN à vie brève, distinct de l'ARN de transfert et de l'ADN ribosomal (tous deux relativement stables). De plus cet ARN fugace avait la même composition en bases (le même rapport adénine/guanine) que l'ADN.

Restait à établir l'existence et le mode d'action de cet ARN, qui allait être baptisé « ARN messager ». Un projet de démonstration fut ainsi conçu : mettre en évidence que l'ARN instable, produit **après** l'infection d'un colibacille par un phage virulent, ira bien s'associer aux ribosomes **préexistants** à l'infection pour produire les protéines du phage. On convint de faire l'expérience à Caltech dans le service de Delbrück, en tirant parti des marquages isotopiques différentiels pratiqués par Matt Meselson (qui avait mis au point la culture de bactéries en présence d'isotopes).

Sidney Brenner et François Jacob partirent donc à Pasadena en Californie. Ils disposaient d'un mois d'été pour réussir leur démonstration ! Arrivés là-bas, ils se lancèrent avec Matt Meselson dans des expériences laborieuses et complexes avec des ultracentrifugations en gradient de densité. Si l'hypothèse se vérifiait, la radioactivité de l'ARN intermédiaire devait se retrouver associée à la bande d'ultracentrifugation correspondant aux ribosomes.

Hélas, rien ne marchait comme espéré, la radioactivité se distribuait au petit bonheur, sans pic identifiable. Les expériences étaient répétées sans succès. Le doute, le désespoir, s'installaient. Les visiteurs ironisaient. Meselson lui-même les abandonna pour partir à une Gordon Conference en Nouvelle Angleterre, prédisant qu'une expérience aussi sophistiquée nécessiterait au moins six mois pour être menée à bien. F. Jacob raconte comment Sydney Brenner et lui, tristement affalés sur une plage du Pacifique, ruminaient leur échec : il ne restait plus que quelques jours avant leur départ. Soudain Sydney se leva d'un bond en hurlant : « Le magnésium, c'est le magnésium ! ». Ils retournèrent précipitamment au laboratoire pour un dernier essai en présence d'un excès de magnésium. C'était bien cela. Un pic de radioactivité vint se placer exactement où on l'attendait. Ainsi l'ARN messager existait bien, son rôle se trouvait démontré. Il restait certes à confirmer cette unique expérience faite *in extremis,* et à pratiquer des contrôles (ce qui fut fait par S. Brenner à Cambridge au cours des quatre mois suivants). De son côté, François Gros étudiant avec Walter Gilbert, chez Watson à Harvard, la maturation des ribosomes en présence d'antibiotiques, allait confirmer avec de l'uracil marqué l'apparition et la disparition rapide d'un ARN.

Restait à mettre en forme la masse de données acquises au cours de ces dernières années et à les rédiger en anglais, la langue scientifique internationale. En ce domaine, Jacques Monod était insurpassable par son talent d'exposition, sa rigueur et sa clarté d'expression ainsi que par sa maîtrise de la langue anglaise qu'il tenait de sa mère américaine. Observant que dans les trois systèmes étudiés : lactose, phage et biosynthèse du tryptophane, le mécanisme de régulation génique apparaissait identique, Monod en concluait avec son goût de l'unification que ce mécanisme devait être universel — son adage favori étant : « Ce qui est vrai pour la bactérie est vrai pour l'éléphant ». L'article annonçait dès son titre sa portée générale : « Genetic Regulatory Mecanism in the Synthesis of Proteins »[1].

Pour la première fois le mécanisme de la régulation génique de la synthèse de protéines se trouvait exposé sur des bases expérimentales. Au Symposium de Cold Spring Harbor de 1961, l'équipe Pasteur tint la vedette. F. Jacob fit un exposé sur la régulation des gènes et sur l'ARN messager — qu'Erwin Chargaff comparera à Hermès, le messager des dieux, ajoutant en laissant percer sa jalousie : « N'oubliez pas, Hermès était aussi le roi des voleurs ». Le rapport de clôture avait été confié à J. Monod qui développa la notion de régulation génique et ce qu'on pouvait en déduire : puisque chaque cellule de l'organisme contient la totalité du génome, la régulation génique s'opère par dérépression de certains gènes, commandant la différenciation cellulaire, le développement embryonnaire et sans doute, en cas de dérèglement, la cancérisation.

Ces découvertes vaudront à Jacob et Monod, outre le prix Charles-Léopold Mayer de l'Académie des Sciences en 1962, le prix Nobel de Physiologie ou de Médecine (avec Lwoff) en 1965.

Si j'ai résumé à la suite l'une de l'autre la genèse de ces deux importantes découvertes en biologie moléculaire, c'est que la seconde prolonge et amplifie la première. C'est aussi qu'il existe des similitudes dans la réussite de ces deux paires de biologistes, formées chacune d'un homme jeune relativement neuf, et d'un chercheur senior, biochimiste expérimenté. Notons au passage que l'âge moyen de la paire Monod-Jacob était plus

1. Ce long texte (38 pages), signé F. Jacob et J. Monod, adressé à la veille de Noël 1960 au *Journal of Molecular Biology*, paraîtra au début de l'année 1961.

élevé que celui de la paire Crick-Watson : Jacob avait quarante ans au moment de la publication de 1961 (soit quinze ans de plus que Watson lors de la découverte de « La double hélice » en 1953), différence due à la guerre qui n'a pas permis à Jacob de se joindre à l'équipe pastorienne avant l'âge de trente ans. Monod est également plus âgé que Francis Crick (de six ans), le Nobel sera pour lui la consécration d'une notoriété internationale déjà bien établie, tandis qu'il révélera Francis Crick dont l'activité assez dispersée était relativement peu connue.

Le prestige du Nobel ne doit pas faire oublier que les avancées de la science font plus souvent intervenir (directement ou indirectement) de nombreux chercheurs — ce qui n'enlève rien au mérite des découvreurs. C'est ainsi que l'on peut déplorer que Rosalind Franklin, qui a participé à l'établissement de la structure de la double hélice, prématurément décédée de leucémie, n'ait pu être récompensée, et regretter que Elie Wollman n'ait pas été associé à l'équipe Lwoff en raison de sa contribution aux expériences de conjugaison bactérienne ; mais le règlement du Nobel limite le nombre d'élus à trois par découverte, ce qui rend inévitables certaines frustrations. Heureusement le prix Nobel a justement récompensé les principales avancées de la biologie moléculaire[1].

* *
*

1. Après Watson, Crick et Wilkins en 1962, et l'équipe Lwoff en 1965, Nirenberg, Holley et Khorana seront couronnés en 1968 (pour le déchiffrement du code génétique). L'année suivante Luria et Delbrück le seront pour leurs travaux sur les phages, en même temps que Hershey (pour l'ARN de transfert).

APRÈS 1960

Le 29 juin 1961, Jacques Monod écrit à François Jacob :

« En rédigeant le "Sum-up" de Cold Spring Harbor, je suis encore plus convaincu que la répression génétique est le deuxième grand secret de la vie, le premier étant bien entendu le code et sa transcription. En ce qui nous concerne, l'identification du répresseur et la démonstration de l'inductibilité du messager sont les problèmes les plus urgents et qui doivent passer avant tous les autres. Sur le messager lui-même, son isolement, sa structure, son association avec les ribosomes, il y a à l'heure actuelle mille Américains et quatre mille Japonais qui s'en occupent. Je doute que nous puissions faire mieux qu'eux. Passez de bonnes vacances. Affectueusement à vous. J.M. »

En août 1961, le Congrès International de Biochimie se tient à Moscou. Jacques Monod n'y participe pas, il a trop vigoureusement pris parti contre le régime soviétique et il exclut de solliciter un visa. Il n'a aucune envie de rencontrer Lyssenko qui est toujours président de l'Académie des Sciences Agricoles et directeur de l'Institut de Génétique (j'évoquerai plus loin « l'affaire Lyssenko »). En fait, celui-ci ne viendra pas au Congrès, évitant d'affronter les généticiens occidentaux qu'il a tant critiqués. Le congrès sera présidé par Oparine, l'homme de la « soupe prébiotique ».

Pas de communications remarquables en ce qui concerne la biologie moléculaire, l'essentiel a été dit à Cold Spring Harbor. Une communication, toutefois, dans une salle presque vide, faite par un jeune chercheur à peu près inconnu, ne retiendra qu'après coup l'attention : Marshall Nirenberg est parvenu en utilisant des ARN de synthèse à établir la séquence de nucléotides codant pour la phényl-alanine[1].

---

1. Il obtiendra en 1968, avec Khorana, le prix Nobel pour son importante contribution au déchiffrement du code génétique.

Avec Agnès Ullmann, Monod entreprend de caractériser le « répresseur-lactose », qu'il soupçonne d'abord d'être un ARN. Les expériences obligent à exclure cette hypothèse et suggèrent qu'il s'agit d'une protéine capable de réagir à la fois avec le promoteur et l'opérateur, ce qui suppose l'existence d'au moins deux sites de reconnaissance spécifiques.

Cette particularité est à la source d'une longue réflexion qui conduit Jacques Monod à élaborer une théorie de portée très générale : celle de *protéines allostériques* aux structures tertiaires modifiables leur permettant de former des liaisons réversibles de très faible énergie et d'agir comme détecteurs de signaux chimiques. Ces structures stéréo-spécifiques, capables de modifier leur conformation moléculaire, constituent pour lui la clé du fonctionnement du Vivant. Les modifications cinétiques qui viennent d'être décrites par Max Perutz, au sein du tétramère formant la molécule d'hémoglobine (permettant la fixation de l'oxygène sur l'hème), représentent pour J. Monod le modèle type des « transitions allostériques »[1].

Dans sa leçon inaugurale au Collège de France, en 1967, Monod va développer sa vaste conception des protéines allostériques, qui lui paraissent avoir été sélectionnées au cours de l'évolution du Vivant en raison de leur flexibilité et de leurs performances. « Les réactions chimiques classiques, dit-il, tendent vers un équilibre, or l'équilibre chimique c'est la mort. Seules les réactions allostériques peuvent permettre au Vivant de se maintenir et se développer au rebours de l'entropie générale. Leur rôle est d'établir une communication, un couplage, entre des voies

---

1. Avec J.-P. Changeux et F. Jacob, il publie en 1963 dans le *« Journal of Molecular Biology »* (1963, 6, 306-329) un article, où il étend aux hormones et aux neuro-médiateurs sa conception des « transitions allostériques ». Il propose des modèles faisant intervenir des relations dynamiques entre les sous-unités de la molécule protéique, avec conservation d'une symétrie globale. En 1965, il publie avec J. Wyman et J.-P. Changeux, un modèle mathématique des relations allostériques (*J. Mol. Bio.,* 1963, 12, 88-118).

métaboliques chimiquement indépendantes (...). L'évolution moléculaire a pu ainsi libérer peu à peu les systèmes vivants des contraintes chimiques (structurales et thermodynamiques) qui eussent sans cela interdit l'émergence du prodigieux édifice fonctionnel que représente la cellule, telle que nous la connaissons aujourd'hui (...). Les organismes pluri-cellulaires n'ont pu émerger que grâce à l'apparition de nouveaux réseaux de coordination entre cellules, agissant par interrelations directes, ou bien à distance par l'intermédiaire de signaux chimiques hormonaux et de neuro-transmetteurs ».

Cette conception de l'allostérie sera difficilement acceptée par la communauté scientifique. On fit observer que l'allostérie pouvait être invoquée pour expliquer à peu près tous les mécanismes physiologiques demeurés mystérieux. Philippe Goujon, dans sa thèse de DEA de Philosophie de Beaune (1980), consacrée à l'œuvre de Jacques Monod, discute ce concept de « gratuité » des systèmes allostériques, définie comme absence de nécessité chimique. Goujon considère que si la médiation par une enzyme allostérique peut être facteur de liberté et de créativité, la « gratuité chimique » apparaît comme un concept ambigu et incertain.

Francis Crick sera, à l'époque, le seul à saluer sans réserve la conception de Monod, qu'il qualifiait « d'extrêmement puissante », ajoutant : « qu'importent les détails... ».

J. Monod s'était par ailleurs toujours demandé pourquoi les molécules de protéines étaient de si grande taille. Il supposait que des millions d'années de pression sélective darwinienne avaient dû modeler leur structure : leur *repliement* dans l'espace devait être nécessaire pour assurer à la fois leurs fonctions, leur solubilité et leur stabilité. Il transmit son intérêt pour la conformation des protéines à son élève Michel Goldberg, arrivé en 1962 dans le labo, et lui proposa comme sujet de thèse de Science : *Relations entre la structure primaire et la structure tri-dimensionnelle des protéines.*

M. Goldberg travaille toujours, et ceci depuis plus de trente ans, sur le « repliement » des protéines et sur les conditions de leur « dénaturation ». Dans une toute récente « leçon », prononcée le 31 mai 1996 dans le grand amphithéâtre comble de l'Institut Pasteur, en hommage à Jacques Monod pour le vingtième anniversaire de sa mort, il souligna combien les conceptions de ce grand biologiste étaient en avance sur son temps, et comment elles deviennent aujourd'hui d'actualité.

Il en fournit deux exemples :
– Le premier concerne le repliement des protéines « recombinantes » (obtenues par biosynthèse *in vitro*). Les molécules ne peuvent sortir des cellules en culture que sous forme linéaire, leur repliement ultérieur entre alors en compétition avec leur agrégation (dénaturante), d'où l'intérêt de faire appel à des substances renaturantes pour prévenir la dénaturation.
– Le second exemple a trait aux encéphalites spongiformes considérées comme des « maladies du repliement » de protéines appelées « prions ». Elles sont d'une brûlante actualité : maladie des vaches folles, tremblante du mouton, maladie de Creutzfeld-Jacob... L'hypothèse, sur laquelle travaille Goldberg, est que le prion pathologique serait une protéine au repliement anormal, capable d'interférer par contact avec le repliement normal de protéines analogues, ce qui rendrait la maladie transmissible.

En 1965, Jacques Monod va encore publier quelques articles avec ses collaborateurs[1], mais son activité scientifique va se raréfier, surtout après 1969. Les raisons en sont multiples : char-

1. Un sur la cartographie des gènes de la région lactose chez E. Coli, avec F. Jacob (*Biochem. Biophys. Res. Comm.*, 1965, 18, 693-701) ; un autre avec Agnès Ullmann et D. Perrin sur l'identification d'un segment peptidique de la bêta-galactosidase de E. Coli (*J. Mol. Biol.*, 1865, 12, 918-923) ; un troisième, avec Agnès Ullmann, sur des délétions à l'origine d'une fusion de deux opérons chez E. Coli (*J. Mol. Biol.*, 1965, 13, 704-719).

ges d'enseignement, afflux d'obligations nouvelles (interviews, conférences, « lectures » à l'étranger, nominations dans toutes sortes de comités ou d'associations. Mais ce sont surtout la rédaction du *Hasard et la nécessité* et par la suite, en avril 1971, sa nomination à la tête de l'Institut Pasteur qui achèveront de mettre un terme à ses possibilités de recherche personnelle. Cela ne l'empêchera pas de continuer à s'intéresser — non sans nostalgie — aux recherches poursuivies par ses élèves et anciens collaborateurs.

* *
*

LA CONSÉCRATION DU NOBEL

Le 10 décembre 1965, le prix Nobel de Physiologie ou de Médecine vient récompenser l'équipe Pasteur en couronnant François Jacob, André Lwoff et Jacques Monod. Le prestige de cette distinction est incomparable, car elle est décernée par un comité suédois fier de son indépendance et soucieux d'une sélection des travaux les plus novateurs au plan international.

L'honneur en rejaillit sur l'Institut Pasteur et sur le pays tout entier. La France n'avait pas obtenu de Nobel de Physiologie ou médecine depuis Alphonse Laveran pour le paludisme (1907), Charles Richet pour l'anaphylaxie (1913) et Charles Nicolle pour le typhus (1928). J. Judson pouvait remarquer dans *le huitième jour de la Création* : « Trinity College (à Cambridge) a gagné, à lui seul, plus de prix Nobel scientifiques que la France »[1]. L'annonce du couronnement de l'équipe Lwoff,

1. Rappelons toutefois le Nobel décerné à deux Français ayant acquis la nationalité américaine : Alexis Carrel (1912) et André Cournand (1956), ainsi que

connue dès le 12 octobre 1965 à la faveur de fuites en provenance de Stockholm, provoqua une explosion de liesse dans tout l'Institut. La joie put se donner libre cours lorsque parvint, le 14 octobre, le télégramme officiel. Madeleine Jolit, assistante technique, raconte (*Hommage à Jacques Monod, 1980*) *:* « Les photographes tenaient tous à avoir l'instantané du jour (Monod assis devant un microscope). J'en profitai pour lui demander : êtes-vous heureux d'avoir ce prix ? Il ne me répondit pas immédiatement : "— Oui, pour toutes les petites choses qui flattent la vanité, je suis content. Mais ce sera très lourd à porter. Pensez, Madeleine, je devrai faire attention et bien réfléchir à ce que je dirai. C'est une nouvelle responsabilité, ce ne sera plus mon avis, mais celui du "prix Nobel", et il devint pensif ». Puis, un peu plus tard : « Madeleine, je vous emmènerai avec moi à Stockholm recevoir le prix, ce sera pour fêter l'anniversaire de nos vingt ans de labo. » Bien sûr, je pensais, il est bouleversé. Mais non, il m'emmena à Stockholm, avec « l'autre Madeleine », sa secrétaire, pour les dix jours que durèrent les festivités attachées à la remise de ce prix. Il me donna aussi une part de son prix, en inscrivant sur le talon du chèque : « votre part de PN ».

Le récit de sa secrétaire, Madeleine Brunerie, corrobore le souci de Monod pour ses collaboratrices : « Une semaine environ après l'annonce du prix, il fallait remplir les formulaires pour les cérémonies de décembre à Stockholm. Il me donna le nom de chacun des membres de sa proche famille, et, me regardant avec affection, me dit : "S'il vous plaît, ajoutez Madeleine Brunerie, j'aurai besoin de ma secrétaire à Stockholm (ne voulant pas me laisser croire qu'il désirait seulement me faire plaisir). Ce fut

---

les Nobel accordés à des étrangers de formation française ayant travaillé à l'Institut Pasteur : Elie Metchnikoff (Russe, 1908), Jules Bordet (Belge, 1919), Axel Hugo Theorell (Suédois, 1955), Daniel Bovet (Suisse, naturalisé Italien, 1957).

l'un des plus beaux jours de ma vie. Je pensais bien le connaître, mais jusqu'à ce moment je n'avais pas mesuré l'étendue de sa générosité. Pendant dix jours à Stockholm, nous partageâmes toutes deux (Madeleine Jolit et moi) les honneurs rendus à Jacques Monod, qui non seulement paya toutes les dépenses inhérentes à cet inoubliable séjour, mais nous donna à l'une et à l'autre un gros chèque ».

L'annonce du Nobel fut saluée par toute la presse. Du monde entier affluèrent, lettres, télégrammes et messages de félicitations.

Au Pr Alfred Kastler (qui obtiendra le prix Nobel de Physique l'année suivante et qui le congratulait, Monod répondit (20 octobre 1965) : « Je pense toujours, comme au Colloque de Caen, que le Nobel n'est qu'un critère parmi d'autres et je regrette que le public comme le Pouvoir paraissent le considérer comme le seul. Aussi suis-je abasourdi par cette gloire soudaine que déclenche la publicité journalistique. Rien de plus étranger à la démarche, à l'attitude d'un homme de science (...). Je n'y vois qu'un avantage : les effets heureux pour l'Université et la Recherche fondamentale française. »

Daisy Jacob (dont le frère était Compagnon de la Libération, comme François Jacob), lui adressa une carte postale avec ces mots : « Si la gloire ne fait pas l'homme, elle doit comporter des joies auxquelles je m'associe en amitié profonde d'autrefois ». J. Monod répondit (le 19 octobre 1965) : « Chère Daisy, non, la gloire ne fait pas l'homme. Elle risquerait seulement de le défaire. Ces anciennes amitiés comptent bien plus. Merci de me témoigner ainsi la vôtre. »

Le 15 octobre, l'ami Seymour Benzer adressa à chacun des trois lauréats une lettre tapée à la machine. En haut, figuraient les trois destinataires : Lwoff, Jacob et Monod. Sur la lettre destinée à chacun, les noms des deux autres étaient rayés à la main. En voici le texte (traduit de l'anglais) : « Mon cher collègue, acceptez mes sincères condoléances d'avoir dû partager avec les deux autres nullités (en anglais " jerks "), le prix Nobel, que, dans mon opinion, vous êtes le seul à mériter pleinement. Seymour Benzer ».

Réponse (en anglais) signée des trois : « Toi seul comprends, comme moi, que seul je mérite le prix. »

L'humour de Seymour transparait d'ailleurs dans chacune de ses lettres : ainsi, en janvier 1954, il avait écrit à Monod de Lafayette (Indiana) : « Mon vieux Jacques, selon mes espions, tu seras dans ces lieux vers le 20 février. Ça nous ferait plaisir de te présenter ici. Notre doyen y mettra 50 dollars si tu veux faire un discours... PS : le 18 février, le Philadelphia Orchestra sera ici. Je peux aussi te fournir un violoncelle pour de la musique de chambre. Malheureusement, il n'y a pas de rochers à grimper... »

Jim Watson, que nous connaissons pour être volontiers farfelu, adressa une très sérieuse et cordiale lettre de félicitations (23 octobre 1965) : « ... Aucune récompense ne me semble plus justifiée et ne m'a donné un tel plaisir sans réserve... ». Ce qui m'a le plus frappé dans cette lettre manuscrite, c'est la minuscule écriture de Jim, qui ne correspond pas du tout à l'idée qu'on peut s'en faire (il a alors 36 ans) : des lignes bien droites, très espacées, et des caractères microscopiques, à l'extrême limite de la lisibilité...

Une cérémonie, présidée par le Pr Pasteur Vallery-Radot, fut organisée le 25 octobre 1965 à l'Institut Pasteur pour célébrer le glorieux trio. Elle réunissait de nombreux scientifiques et des personnalités politiques, tel Christian Fouchet, ministre de l'Éducation nationale, et Raymond Marcellin, ministre de la Santé. Les allocutions se succédèrent. Jacques Monod évoqua pour sa part le retard de l'Université française dans le domaine de la recherche, sa structure et son enseignement périmés : « en retard d'une génération (dit-il), comme son armée avait été en retard d'une guerre ».

La séance officielle de remise des prix eut lieu en Suède le 11 décembre 1965, au palais des Concerts de Stockholm, en présence des familles, des collaborateurs les plus proches et d'invités de marque. Très solennelle comme de coutume, avec dîner aux chandelles, habits de soirée, la cérémonie était présidée, conformément à la tradition, par le roi Gustave-Adolphe. Le professeur Moeller, cancérologue de l'Institut Karolinska, présenta les trois Français, soulignant l'importance de la découverte du mode de fonctionnement des gènes régulateurs dont la perturbation pouvait être à l'origine du développement de tumeurs cancéreuses. Chacun des lauréats fit une brève allocution, les exposés purement scientifiques des travaux couronnés eurent lieu le lendemain à l'Institut Karolinska.

À Jacques Chancel, qui lui demandait en 1970 si le Nobel avait fait de lui un autre homme, il répondit : « Pas le moins du monde, si ce n'est qu'il m'a empêché de travailler. Mais changé personnellement, moralement, je ne crois pas ».

J.C. — « Il vous a rendu plus fier ? »

J.M. — « Je suis trop orgueilleux pour être fier d'une récompense extérieure. François Jacob, André Lwoff et moi avons eu le prix Nobel. Il aurait très bien pu nous éviter. Ce que nous avons fait était important au moment où nous l'avons fait et le demeure. Mais il y avait avant nous les premiers qui ont déchiffré le code génétique, Brenner en Angleterre, Yanowski et Benzer aux États-Unis. Eux et d'autres plus jeunes l'auraient mérité autant que nous, sinon plus. »

En fait, ce que le Nobel changea pour Monod, ce fut d'être sollicité de tous côtés : par les médias, par toutes sortes d'associations et de comités, par des sociétés et académies étrangères, et d'être fêté par le Tout-Paris toujours friand de célébrités. Albert de Kaeger, premier prix de Rome, chargé d'exécuter une médaille à l'effigie de chacun des trois lauréats, écrivit à J. Monod (28 février 1968) pour lui demander de réfléchir au « revers » qu'il souhaitait à sa médaille en vue de symboliser ses accomplissements. Monod répondit en envoyant une photographie de son voilier « La Tara », ainsi que quelques notes d'une partition pour violoncelle provenant du 15e quatuor de Beethoven.

Au lendemain de l'annonce du Prix, on put lire dans le numéro du 1er novembre 1965 de *« L'Express »*, que le parti communiste avait fait une tentative de récupération de son ancien membre devenu nouveau Nobel : le bureau politique, pouvait-on lire, avait délégué auprès de Jacques Monod son benjamin, René Piquet, pour lui dire combien le Parti souhaitait sa réintégration. Monod aurait répondu qu'il subordonnait sa réponse à l'engagement du parti, à la condition d'une déclaration non équivoque sur la liberté de recherche scientifique, non seulement dans le domaine des sciences exactes, mais également dans celui des sciences humaines.

Il paraît difficile d'inventer semblables détails, et pourtant... on ne se défie jamais trop de la presse. Voici ce qu'écrivit Jacques Monod au directeur de *« L'Express »*, le 2 novembre suivant :

« Vous avez publié dans votre numéro du 1er novembre, page 26, sous le titre : " Le PC va chercher le Nobel ", un article me concernant. Or, les informations contenues dans cet article, pour autant qu'elles se rapportent à moi, sont fausses. En effet :

— S'il est exact que j'ai appartenu au mouvement FTP et au parti communiste pendant l'occupation, j'ai quitté ce parti dès la fin de 1945, c'est-à-dire près de quatre ans avant que n'éclate l'affaire Lyssenko.

— Le récit que vous donnez d'une prétendue réunion de cellule, au cours de laquelle j'aurais rompu avec le Parti communiste est intégralement imaginaire.

— Je n'ai pas déjeuné avec Mr René Piquet (dont j'ignorais jusqu'au nom), ni d'ailleurs avec aucun autre membre du Bureau politique du PC. Je n'ai eu aucun contact de quelque nature que ce soit avec un délégué de ce parti.

— J'ignore ce qui se passe au Bureau politique du parti communiste. Vous êtes apparemment mieux renseigné que moi. Mais si vos informations sont du même tonneau que celles qui se rapportent à mes faits et gestes, je vous conseille de vous en défier.

Je vous demande, comme la loi m'y autorise, de publier la présente réponse dans votre hebdomadaire à la même place et dans les mêmes caractères que l'article original. »

J'ai pu lire cette rectification, qui a été intégralement publiée dans « *L'Express* ».

* *
*

UNE VOCATION D'ENSEIGNANT ET DE CHEF D'ÉCOLE

Jacques Monod attachait une grande importance à l'enseignement. Il aimait former lui-même ses jeunes collaborateurs, dont il n'attendait pas de diplômes, considérant que l'Université française préparait très mal à la recherche.

En 1956 et 1957, il dispensa dans son service de Biochimie cellulaire un enseignement original, intitulé « Cours de physiologie et de génétique bactériennes ». Les inscriptions étaient limitées à une douzaine d'étudiants, qu'il souhaitait « infiniment ignorants et infiniment intelligents... ». Ces élèves étaient mêlés aux chercheurs du laboratoire et travaillaient plein temps pendant deux mois. Les meilleurs pouvaient espérer rester en stage. Chacun était chargé d'un travail personnel : il devait participer au protocole de l'expérience et à la discussion des résultats. Autant Monod se montrait indulgent au laboratoire, se penchant paternellement sur chaque élève, autant il devenait exigeant au séminaire hebdomadaire où il discutait sans ménagement les présentations.

Dans *L'hommage à Jacques Monod,* quelques-uns de ses plus brillants disciples (Maxime Schwartz, David Perrin, Henri et Marie-Hélène Buc, Michel Goldberg...) évoquent le souvenir qu'ils ont gardé d'un maître incomparable. Les mêmes appréciations se retrouvent sous leur plume : respect, affection, reconnaissance. Monod se montrait plein de chaleur et de sollicitude envers ses élèves, toujours disponible malgré ses innombrables occupations. Il suscitait les questions et discutait patiemment. Ceci n'excluait pas une sévérité exigeante et une autorité inflexible. Les paillasses devaient être impeccablement tenues et il n'admettait pas qu'on pût manquer le séminaire hebdomadaire.

Les réunions mensuelles du *Club de physiologie cellulaire* constituaient pour tous, chevronnés ou non, le cœur de cet enseignement de haut niveau. Les étrangers de passage y étaient conviés. Chacun pouvait prendre part à la discussion, en français ou en anglais. Installé au premier rang, Monod conduisait les débats. Ses critiques incisives, parfois acerbes (variant selon l'orateur), dominaient ces stimulants échanges. La clarté de ses commentaires, son esprit de synthèse, son intelligence rapide, sa capacité d'aller à l'essentiel, étaient unanimement reconnus.

En 1959, J. Monod est nommé professeur de la Chaire de Chimie du métabolisme à la Faculté des Sciences (il en modifiera l'intitulé pour en faire une Chaire de Biologie moléculaire). Il y enseignera jusqu'en 1967 — date à laquelle il est nommé professeur au Collège de France. Le contenu de ses cours sera adapté à ce nouvel auditoire, il prendra une tournure plus philosophique, tout en demeurant fondé sur la rigueur scientifique et la connaissance objective.

* *
*

JACQUES MONOD ET LA RÉFORME DE L'ENSEIGNEMENT

Monod n'apprécie pas la façon dont les études secondaires et universitaires sont dispensées en France : c'est ainsi que dans la revue *« Parents »*, en octobre 1975, il écrit à propos de la réforme Haby et du rejet des études par certains adolescents : « Je suis moi-même un exemple de rejet. J'ai détesté le lycée, j'aimais profondément un ou deux professeurs, mais le lycée lui-même, je l'avais en horreur. J'étais de temps en temps un bon élève et un mauvais à d'autres moments. »

Ses critiques s'adressent essentiellement à l'enseignement universitaire qui n'a pas su s'adapter à la rapide évolution des sciences. Il le rend responsable du retard pris par la Recherche en France. Lorsqu'on lui demande d'écrire une préface à la traduction en anglais d'une brochure sur la Recherche dans le cadre de la « DATAR » (Délégation à l'Aménagement du Territoire et à l'Action régionale), il commence par la petite histoire que voici : « Il y a quelques années, sur un vol Paris – New York, j'étais assis à côté d'une charmante et digne vieille dame. Nous avons commencé à parler, elle voulait savoir quelle sorte de métier je faisais. Je lui dis que j'étais chercheur scientifique. Cette information parut la surprendre grandement : "Vraiment, dit-elle, je ne savais pas qu'il y avait de la recherche scientifique en France". »

Jacques Monod a joué, à côté de Pierre Aigrain, un rôle essentiel dans l'analyse et la définition des réformes jugées nécessaires, lors de deux colloques nationaux organisés sous l'égide de Pierre Mendès-France à l'Université de Caen (le premier en 1956, le second en 1966), ayant pour thème le développement de l'Enseignement scientifique et de la Recherche (voir Annexe 2).

Lors des émeutes de mai 1968, Monod se range tout d'abord du côté des étudiants. Il est signataire (avec Jacob, Kastler,

Lwoff et Mauriac) d'un télégramme au Général de Gaulle, ainsi rédigé : « Vous demandons instamment faire personnellement geste susceptible apaiser révolte des étudiants — stop — amnistie des étudiants condamnés — stop — réouverture des facultés — stop — profond respect. »

Des photos le montrent secourant des étudiants atteints par les gaz lacrymogènes, d'autres où il s'adresse aux contestataires sur la scène de l'Odéon. Il s'efforce de servir de médiateur entre le gouvernement, qui réagit contre la « chienlit », et le mouvement étudiant dont il a toujours défendu les légitimes aspirations. Sa déception est profonde de voir qu'il n'est compris ni par les uns, ni par les autres. Les jeunes insurgés n'admettent plus aucune forme de tutelle intellectuelle, pas même la sienne.

J. Monod analyse la situation pour les journaux de l'époque : il considère que la rigidité des anciennes structures universitaires a constitué l'obstacle essentiel aux réformes préconisées par les deux colloques de Caen. Une réforme radicale est devenue nécessaire et il la juge possible : « On ironise volontiers, écrit-il, sur l'aspect folklorique des débats qui se poursuivent à la Sorbonne ainsi que dans d'autres centres universitaires. On a tort. Après les manifestations exubérantes et parfois délirantes du début, beaucoup d'étudiants et d'enseignants (surtout parmi les plus jeunes) se sont mis au travail avec le plus grand sérieux. Les instances qui auront à délibérer sur la réforme pourront et devront s'inspirer de ces travaux (...) Toute proposition de réforme radicale trouvera inévitablement comme principaux opposants les universitaires traditionnels, c'est-à-dire la majorité du corps professoral. C'est sur les jeunes enseignants (assistants, maîtres-assistants...), qui connaissent mieux que personne les défauts de l'actuel système, qu'il faudra s'appuyer. C'est sur eux que l'on peut compter pour s'opposer aux conceptions irréalistes de certains groupes d'étudiants... »

Il préconise la co-gestion, c'est-à-dire le « le droit de regard des étudiants sur les instances où leur sort se décide, dialogue non seulement nécessaire, mais salutaire ». Il insiste enfin sur l'effort financier que nécessitera la réforme. « Il faut, écrit-il, prévoir un doublement ou un triplement des crédits de l'enseignement supérieur ». On mesure ainsi combien Monod était en avance sur son temps, et on discerne l'influence de son analyse sur les réformes qui seront mises en place par Edgar Faure.

* *
*

ACTIVITÉS ANNEXES

Très sollicité, comme Lwoff et Jacob, au lendemain du prix Nobel, Jacques Monod acceptera d'écrasantes charges (il en refusera également beaucoup). Il deviendra membre de multiples sociétés savantes, comités et commissions scientifiques, en France comme à l'étranger (voir Annexe 1).

En revanche, il ne deviendra jamais membre de l'Académie des Sciences. Il a certes publié des notes dans les Comptes rendus de cette Académie, mais c'était uniquement pour prendre date (en raison des courts délais de publication) et non pas en vue d'une candidature. Il n'a jamais souhaité faire partie de cette institution qu'il estimait sclérosée. Il n'a jamais ménagé ses critiques à l'égard des académies qui concourent selon lui à la rigidité et au conformisme de l'Université française. L'Académie des Sciences ferait mieux, disait-il, d'accueillir des jeunes sortant des voies tracées, plutôt que de consacrer des notoriétés établies. Le nombre de ses membres et de ses sections avait peu varié en deux siècles, en dépit du prodigieux développement des sciences et de la multiplication des publications scientifiques. Mais, plutôt que de réformer cette antique institution, il se demandait s'il ne valait pas mieux tout bonnement la supprimer[1]... En revanche, Monod était fier d'appartenir à la « *Royal Society* » britannique, dont il appréciait le discernement et la souplesse de recrutement qui accordait plus d'importance au mérite qu'à l'ancienneté.

Il serait fastidieux d'énumérer ici les innombrables participations que Jacques Monod a dû décliner. Peu de personnalités ont été autant pressenties par des associations de toutes sortes et par des clubs de tous genres. Aussi est-il piquant d'apprendre qu'il n'est pas devenu membre du seul club auquel il ait adressé sa candidature : *l'Automobile Club de France* (il faut savoir qu'il aimait les voitures de sport et possédait une Porsche). J'ai dénombré dans le fonds Monod (aux Archives Pasteur), pas moins de *douze* lettres échangées de décembre 1971 à février 1973, entre lui, Georges Mathé, et le Secrétariat de l'ACF (les professeurs G. Mathé et J.R. Debray étaient ses parrains). Malgré les protestations de Mathé, il manquait toujours quelque chose au dossier. Excédé, Monod finit par retirer sa candidature...

En revanche, le Yacht Club de France s'honorait de le compter depuis longtemps parmi ses membres.

* *
*

LA DIRECTION DE L'INSTITUT PASTEUR

Jacques Monod n'a jamais craint les entreprises difficiles. Accepter la direction de l'Institut en crise allait constituer pour

1. En fait, l'Académie des Sciences s'est depuis partiellement réformée. Elle a accru le nombre de ses sections en 1975 et elle accueille des membres plus jeunes. Elle sollicite à présent les nouveaux prix Nobel, sans qu'ils aient besoin de poser leur candidature.

l'homme de science qu'il était, de tous les défis, le plus rude et le plus risqué. Si en définitive il y consent, c'est plus par devoir que par ambition, par désir de puissance, ou par vanité — même si l'amour propre peut se satisfaire de succéder à des devanciers prestigieux comme Pasteur, Roux ou Calmette... Ce n'est pas sans hésitation, ni longue réflexion, qu'il finit par accepter cette charge.

Certains tenteront de l'en dissuader, comme Melvin Cohn, ou Agnès Ullmann. Celle-ci raconte qu'il avait déjà été pressenti pour ce poste au début de 1970 et qu'elle lui avait déconseillé d'accepter. Il avait eu alors l'idée de partir pour les États-Unis pour réfléchir et écrire tranquillement un nouveau livre qu'il avait en tête *(L'Homme et le temps).* Il avait même songé à traverser l'Atlantique à la voile. En juillet 1970, il avait écrit à Agnès (qui se trouvait à un congrès aux États-Unis) que sa décision était prise, qu'il refuserait la direction de Pasteur : « Content et soulagé, il avait commandé (écrit-elle) un tas d'ouvrages qui devaient lui servir pour son prochain livre et il pensait sérieusement à une longue navigation transatlantique. Il avait même acheté des cartes marines qu'il consultait de temps en temps. Mais, ces projets et ces rêves furent de courte durée : en automne, sa femme Odette tomba malade. Jacques renonça immédiatement à partir et, quelques mois plus tard, il devenait directeur de l'Institut Pasteur ».

A. Ullmann ajoute : « Il accepta cette lourde tâche pour tenter de sauver une institution qu'il estimait unique en son genre (...) Il considérait qu'il avait une dette envers l'Institut. Je crois que c'était son sens protestant de la responsabilité qui était à la base de sa décision (...) Au début, il pensait que sa tâche directoriale ne lui prendrait que quelques heures par jour, et que le reste du temps il pourrait discuter de science, assister à des séminaires et même faire personnellement quelques expériences. Il dut se rendre à l'évidence : il avait changé de métier, ce qui l'amenait inévitablement à changer d'attitude. Il devenait plus autoritaire, parfois même dur, ce dont il s'attristait souvent. Il voyait peu à peu certains de ses anciens collaborateurs, élèves et amis, s'éloigner de lui. »

« Cette nomination est pour vous, je le sais a *mixed blessing* » (autrement dit une bénédiction à double tranchant), lui avait écrit en le félicitant, Gerald Edelman, de l'Université de Rockefeller. S'il avait fini par accepter cette responsabilité, c'est parce qu'on le jugeait — et qu'il se jugeait — le seul à avoir le prestige et la fermeté susceptibles de sauver l'Institut. Acceptation courageuse...

Jusqu'à la dernière guerre, l'Institut Pasteur était parvenu à équilibrer ses dépenses avec les cessions de produits biologiques et grâce aux legs et donations. Mais la situation s'était progressivement dégradée. On avait négligé — ou dédaigné — de breveter les grandes découvertes pastoriennes. Une puissante industrie biologique était venue concurrencer l'Institut avec des capacités de production et des techniques de marketing modernes. Le déficit s'était creusé à partir des années 60. Le vaccin Lépine avait apporté un répit de courte durée. Le conseil d'administration se caractérisait surtout par son immobilisme : il était composé de biologistes d'une moyenne d'âge supérieure à 75 ans, formés dans la noble tradition de la recherche désintéressée et que rien ne préparait à la gestion d'une entreprise.

En 1968, l'État accorde à Pasteur une subvention de dix millions de francs ; malgré cela le déficit dépassera encore six millions. On envisage alors de dissocier la Production, qui serait confiée à des commerciaux, de la Recherche et de l'Enseignement, qui seraient à la charge des Pouvoirs Publics. Élu directeur le 15 avril 1971, J. Monod est hostile à toute forme d'étatisation. L'avenir de l'Institut ne saurait, pour lui, dépendre de personnalités extérieures. Son indépendance est son principal atout. Avec Claude Lasry, conseiller d'État, nommé président du Conseil d'administration, il élabore un plan de sauvegarde et de rénovation. « L'Institut Pasteur-Production » (IPP) est créé et la décision est prise de construire une unité de production industrielle moderne près de Louviers dans l'Eure, afin de pouvoir faire face à la concurrence à armes égales.

Il s'agit en même temps de réduire les dépenses. J. Monod est déterminé à restructurer les services existants, à fermer certaines unités de recherches dépassées, à supprimer les postes apparaissant superflus. Démarche ingrate, approuvée par le conseil d'administration, mais très mal ressentie par certains de ses anciens collègues. Action indispensable à ses yeux, pour montrer au Ministère de la Santé qu'une réforme radicale est entreprise et qu'il est possible de conserver l'autonomie de l'Institut. Un concours financier de l'État demeure toutefois indispensable en attendant le développement de l'exploitation qui ne pourra porter ses fruits avant quelques années.

Cette dépense d'énergie est éprouvante, Jacques Monod a dû donner sa démission de professeur au Collège de France. L'année 1972 sera pour lui une année noire : le lymphome malin dont son épouse est atteinte résiste aux chimiothérapies de l'époque et elle succombera bientôt. Il est lui-même victime d'une hépatite virale qui va l'affaiblir et l'handicaper pendant six mois.

Les problèmes de l'Institut le disputent à ses propres soucis, le déficit se creuse. Jacques Monod décide alors en mai 1973 de faire appel à la générosité publique, comme l'avait fait Pasteur lors de la création de l'Institut en 1886. Il use de son prestige de prix Nobel pour s'adresser à la population par voie de presse et à la télévision (avec le concours de Léon Zitrone). Il voudrait que la nation se sente solidaire de ses chercheurs. Il a le sentiment que le soutien populaire aidera à obtenir une aide plus substantielle de l'État. La souscription rapportera 25 millions de francs, dont 13 millions seront utilisés pour l'équipement et la rénovation de locaux vétustes. L'Émir du Koweit adressera à lui seul cinq millions de francs.

Malgré cet apport, l'équilibre financier n'est pas rétabli en 1974. Les terrains de l'Institut Pasteur à Paris, situés de part et d'autre de la rue du Dr Roux, ont pris une valeur importante. J. Monod envisage de les vendre ; admirateur des campus américains, il ne voit que des avantages à s'éloigner un peu de la capitale. Toutes les activités seraient transférées au siège de l'Annexe de Garches où sont produits les sérums immuns. Sur ce vaste espace, des bâtiments modernes mieux adaptés à la recherche comme à la production pourraient être construits. L'opération dégagerait un gain net d'une centaine de millions de francs. Cette proposition hardie est très mal accueillie. Les pastoriens demeurent attachés aux traditions et sont hostiles à tout déménagement. À Roger Stanier qui lui demandait ce qu'il adviendrait des tombeaux de Pasteur et de Roux, Monod répondit : « Aucun problème, nous les déterrerons et les emmènerons avec nous... » Le projet sera finalement abandonné.

C'est à cette époque qu'il m'a été donné de faire la connaissance de Jacques Monod. Nos relations furent professionnelles. Les situations des organismes que nous avions chacun à diriger étaient assez comparables : Pasteur et le Centre National de Transfusion (CNTS) étaient tous deux des fondations d'Utilité publique à but non lucratif devant s'auto-financer par leurs productions. Il s'agissait pour le CNTS, comme pour Pasteur, de passer du stade semi-artisanal au stade industriel pour être à même de faire face à la concurrence internationale des grandes firmes pharmaceutiques. Dans le même temps où l'Institut Pasteur créait Pasteur-Production (IPP), le CNTS construisait une nouvelle unité de fractionnement près d'Orsay. Les deux organismes avaient un même besoin d'accroître leurs ressources pour équilibrer leur exploitation et financer leur Recherche.

L'idée d'une association entre nos deux établissements vint de Jacques Monod : Pasteur fabriquait des immuns-sérums d'origine animale et humaine pour la prévention de diverses maladies infectieuses et disposait d'une unité de collecte de sang et de plasma de donneurs immunisés. Les immunoglobulines thérapeutiques (fraction du plasma humain où les anticorps se trouvent concentrés) venaient à se substituer aux sérums et plasmas non fractionnés, qu'ils fussent d'origine humaine ou animale (ces derniers étant souvent très mal supportés). Monod souhaitait qu'IPP prenne en charge une part de la distribution commerciale des immunoglobulines humaines préparées par le CNTS (et éventuellement celle d'autres produits comme les sérums-tests).

Lorsque nous nous sommes rencontrés en tête à tête pour nous entretenir de son projet, nous n'avons eu aucune difficulté à nous entendre sur l'intérêt d'une collaboration entre nos deux organismes. Nous nous comprenions à demi-mots sur les aspects scientifiques et techniques. En revanche, il nous fallait discuter finances : prix de revient, prix de cession, prix grossistes, marges de cession, visiteurs médicaux, etc. discussion inusitée entre chercheurs ![1]

Je fus d'emblée séduit par son parler direct et par son sourire charmeur. Je fus frappé par sa courtoisie, sa tranquille assurance, son désir de convaincre. On ne pouvait qu'être sensible à l'autorité et au rayonnement qui se dégageaient de cet homme aux tempes à peine argentées, ne paraissant pas son âge (65 ans). Parler de science était une récréation pour nous deux. J'étais heureux de voir qu'il me considérait plus comme un

1. Nos situations personnelles offraient — toutes proportions gardées — certaines similitudes : alors que j'étais, depuis 1949, chef du « Laboratoire de recherche sur l'hémostase » au CNTS, mes collègues et le Conseil d'administration m'avaient pressé, à la mort de mon maître Arnault Tzanck, de lui succéder à la direction du centre en 1954. J'avais accepté cette charge à contre-cœur, sans bien me rendre compte qu'il me faudrait rester directeur pendant trente ans (jusqu'à ma retraite en 1984). On m'avait assuré que cela ne me prendrait que quelques heures par jour. Pas plus que Monod, je n'avais imaginé que la gestion, les conseils d'administration, les budgets, les bilans, les commissions, les réunions de Comité d'entreprise, etc., allaient dévorer le temps que je comptais réserver à la recherche et à l'enseignement de l'hématologie à la faculté de Médecine de Necker.

biologiste que comme un homme d'affaires. Il le prouva en m'invitant à faire un exposé dans son ancien service de Biochimie cellulaire devant un petit cénacle composé de ses élèves et collaborateurs. Il me proposa de traiter des facteurs de coagulation (dont il savait que c'était ma spécialité), plutôt que des immunoglobulines au centre de nos entretiens.

Lorsque je vins à Pasteur, mon premier soin fut d'emporter avec moi *Le hasard et la nécessité* qui m'avait captivé, afin de me le faire dédicacer. J'avais choisi d'exposer les notions les plus récentes concernant le « complexe prothrombique »[1].

Il m'interrompait parfois en vue de faire préciser un point de technique ou de terminologie. J'admirai sa maîtrise de l'enzymologie et l'acuité de ses commentaires sur un sujet qui n'était pas de sa spécialité. Je me souviens de l'intéressante discussion qui suivit portant sur l'évolution des facteurs de coagulation au cours de la divergence des espèces — en partant du limulus, en passant par les reptiles et les oiseaux — pour arriver aux mammifères supérieurs, dont les facteurs de coagulation sont étonnamment proches des nôtres. Nous nous trouvions là sur un terrain plus plaisant que celui des finances, pour lequel nous avions aussi peu de goût l'un que l'autre.

Je me souviens aussi d'une séance restreinte au Ministère de la Santé, où Simone Veil nous avait réunis. Elle venait d'accorder en juin 1975 une aide accrue de l'État à l'Institut Pasteur. Elle nous fit part de son désir, et de la satisfaction qu'elle éprou-

---

1. Ensemble de quatre enzymes protéolytiques, aux propriétés voisines de celles de la trypsine. J'évoquai la structure de ces facteurs de coagulation, leurs sites actifs, leurs séquences en acides aminés, les homologies entre leurs chaînes protéiques, suggérant qu'ils avaient dérivé d'un précurseur commun au cours de l'évolution du vivant. J'ajoutai quelques mots sur la thrombine, qui se comportait comme une de ces enzymes allostériques qu'il avait décrites, auxquelles il attachait une si grande importance. (La molécule de thrombine se montre à la fois capable de scinder le fibrinogène et de se combiner avec l'antithrombine III, son inhibiteur naturel, en modifiant sa configuration stérique).

verait, à ce que Pasteur et le CNTS s'associent pour la cession de certains de leurs produits. J'étais pleinement d'accord, dans la mesure où les conditions financières seraient acceptables pour les deux partenaires. L'importance que Mme Veil attachait à chaque parole de Monod dénotait le respect et l'estime qu'elle lui portait. Ni elle, ni moi, n'imaginions que les jours de Jacques Monod étaient alors comptés.

L'accord entre l'IPP et le CNTS ne put se faire — à mon grand regret. Ce ne fut pas la faute des hommes, mais des prix. La marge entre le prix de revient et le prix de cession des immunoglobulines (fixé par le Ministère en tenant compte de la concurrence commerciale) ne permettait pas de rémunérer les deux établissements. En dépit de mon sincère désir de collaboration, le CNTS ne pouvait céder sa production à perte, et J. Monod le comprit fort bien. Ma consolation restera que cette tentative infructueuse m'aura permis de faire la connaissance de l'un des hommes les plus remarquables qu'il m'ait été donné d'approcher.

Pour clore ce chapitre consacré à l'homme de science, il me reste à évoquer *deux activités annexes* de Jacques Monod :

L'une fut sa participation à la création du *Centre Royaumont pour une Science de l'homme.* Nul, pourtant, ne se méfiait davantage que lui des sciences humaines (Ces « sciences molles », comme le disent les Anglo-saxons), mais il désirait ardemment une société plus humaine — plus solidaire, dirait-on aujourd'hui.

Salvador Luria (l'homme des phages), avec qui il entretenait depuis de longues années de fidèles relations d'amitié, écrit (*Hommage à Jacques Monod,* 1980) : « Dans ses dernières années, Jacques s'est intéressé à l'incidence de la biologie sur la société humaine et a essayé d'encourager l'essor de la bio-anthropologie. Il m'a entraîné moi et d'autres, par l'intermédiaire du Centre de Royaumont, dans diverses entreprises à la frontière entre la science expérimentale et les sciences humaines (...) Je soupçonne que ces activités avaient aussi pour fonction de lui procurer un dérivatif intellectuel et moral aux soucis de l'administration et à son éloignement du travail expérimental quotidien ».

Il souffrait en effet d'être éloigné du laboratoire. Ses élèves et collaborateurs seront nombreux à en témoigner dans l'*Hommage à Jacques Monod* (1980). Ainsi Maxime Schwartz écrit : « Agnès et moi l'aidions à garder le contact avec le domaine scientifique qui avait été le sien. J'étais toujours heureux de lui raconter un nouveau résultat, de lui soumettre une nouvelle théorie. » Et Michel Goldberg : « Chaque fois que je pénétrais dans le bureau du directeur et lui annonçais quelque résultat intéressant, il se redressait dans son fauteuil, s'éclairait de son sourire profond, affectueux, et disait : " C'est si gentil, Michel, d'apporter un peu de science dans ce sinistre bureau ! ", et il passait volontiers une heure entière à discuter de mes expériences, alors que la durée des entrevues administratives était limitée à dix minutes ».

Agnès Ullmann écrit pour sa part : « Au cours de l'été 1975, nous fîmes une assez longue et dure croisière. Jacques était dans une forme excellente, heureux comme toujours sur un bateau. Il attendait avec une impatience croissante le jour où il pourrait de nouveau recommencer un travail personnel. Son mandat de directeur s'achevait dans dix-huit mois, après quoi il pensait s'installer dans sa maison de Cannes pour y travailler en paix une partie de l'année. Subitement un peu inquiet, il me posa une question :"Crois-tu que je sois capable de faire encore quelque chose de valable ?" Sans attendre ma réponse, il continua : "après tout, cela m'est égal. Tout ce que je demande, c'est d'apprendre des choses nouvelles, me sentir libre pour réfléchir et écrire". »

Une autre activité scientifique épisodique concernait sa participation au comité scientifique de l'Institut Salk, à La Jolla. Il en était, comme Francis Crick, un des « fellows » étrangers. Les deux Nobel avaient été recrutés, en 1962, par Jonas Salk, pour aider à concevoir un centre modèle de biologie moléculaire. Monod y retrouvait avec plaisir ses anciens compagnons. Selon Mel Cohn, qui en était devenu un des piliers, il aurait voulu que la Recherche soit organisée à la Jolla comme il avait rêvé de le faire à Pasteur. En 1975, il se trouvait à mi-chemin de son troisième mandat de six ans. Parmi ses projets, il caressait celui de reprendre une activité scientifique à l'institut Salk, à la fin de son contrat de directeur, le jour béni où il pourrait recouvrer sa liberté.

Partie 2

JACQUES MONOD, LE PHILOSOPHE

Le hasard et la nécessité

NOTES INÉDITES

Il est bien naturel que les biologistes, qui consacrent leur existence à l'étude des organismes vivants, s'efforcent de percer les secrets de la vie et méditent sur la place que l'homme occupe dans l'univers. Cette préoccupation habitait Jacques Monod, sans toutefois transparaître dans ses propos quotidiens. « L'étincelante conversation du déjeuner à la table de Jacques à Pasteur, écrit Gunther Stent, portait sur une vaste étendue de questions scientifiques, politiques et culturelles. Mais je ne me souviens pas qu'on y ait beaucoup parlé de philosophie. »

Il gardait pour lui ses réflexions, il en consignait certaines dans de petits carnets aux feuilles quadrillées, qu'il emmenait lors de ses déplacements. Il inscrivait la date et soulignait les mots les plus importants. Voici l'essentiel de ces *notes inédites*[1] :

Janvier 1953 — « Pour le laïc, mais bien plus encore pour le clerc, les êtres vivants paraissent organisés en vue d'une fin. En niant cette finalité, le biologiste lance un défi. Les savants

---

1. Conservées dans le « fonds Monod » (Archives de l'Institut Pasteur).

du XIXe siècle croyaient démontrer que le monde ne pouvait être différent de ce qu'il était. Nous savons (peut-on dire que nous savons ?) que le monde aurait pu être totalement différent de ce que nous le connaissons, que c'est un événement réalisé parmi bien d'autres réalisables. Hegel et Marx n'ont fait qu'exprimer cette même attitude. »

Février 1953 — « La science comme choix. Il y a les faits et il y a la science, comme il y a le bruit et la musique. »
— « Conséquence du finalisme : fanatisme et chauvinisme. Les éléments finalistes du marxisme, germes de la corruption stalinienne. »

Mars 1953 — « Chaque conquête de la science est une victoire contre l'absurde ».
— « Le succès du marxisme est essentiellement anti-scientifique ».

Mai 1953 — « La philosophie présente deux aspects : l'éthique et la théorie de la connaissance, et deux seulement. Jusqu'à présent, il y a eu entre ces deux aspects une relation de complémentarité, au sens de Bohr. Les métaphysiques qui prétendent tout embrasser à la fois sont nécessairement fausses et pompeuses, leur objet étant de nier cette complémentarité ».

Juillet 1953 — « L'absurde, c'est que l'homme n'a pas d'importance. Démocrite (et d'autres présocratiques ?) le savaient déjà. Tous les vrais hommes de science l'ont toujours su, il me semble. Sans l'immense effort d'objectivité qui nous fait découvrir que l'homme n'est rien dans l'univers, il n'y a pas de science ».

Septembre 1953 — « La démonstration de l'unité fondamentale du monde vivant est la grande conquête de la biologie : unité de composition, de fonctionnement (la cellule), de reproduction. Il est donc légitime d'espérer parvenir à des propositions *générales* sur la nature des édifices vivants... Le génome fixe définitivement les degrés de liberté de l'organisme ».

Novembre 1955 — « Trois époques de la philosophie scientifique :
a) animiste (Aristote, etc.), les phénomènes sont expliqués par des causes finales : attitude religieuse.
b) matérialiste, la nature est composée d'objets (par définition objectifs), obéissant à des "lois naturelles". Le but de la science est de découvrir ces lois. La philosophie du marxisme se rattache à cette période (croyance en des lois objectives de l'évolution de la société).
c) empirique, rationnelle, abolition des objets et des lois de la nature dont l'essence métaphysique est devenue claire. Remplacement des lois objectives par des règles opérationnelles ».

Novembre 1956 — « Problème expérimental : supposons que Dieu existe, qu'il a créé l'univers et l'a ordonné tel que nous le voyons. La science, analysant les phénomènes de cet univers et fondant son analyse sur ce que Dieu n'existe pas, ou n'intervient pas (ce qui revient au même), devrait-elle nécessairement aboutir à des contradictions avec le modèle divin ? Évidemment pas, puisque l'acceptation de ce modèle arrêterait tout le mouvement de la science : Dieu est la seule hypothèse que par essence la science ne puisse pas formuler ».

Mars 1959 — « La découverte de la répression, c'est-à-dire de l'induction comme antirépression, me conduit décidément à une très profonde, sinon déchirante, réévaluation. L'antifinalisme m'avait dominé, guidé et (pourquoi me le cacher ?) parfois égaré dans mon travail. Il fallait montrer que des structures ou fonctions apparemment finalistes (enzymes, induction enzymatique) n'étaient que le résultat d'actions nécessaires. »

Mai 1959 — (En avion au-dessus des USA) : « Je pense à mon grand-père (maternel). Il était chercheur d'or dans ces parages, il y a cent-dix ans. Moi aussi je suis chercheur d'or. Mon grand-père n'a pas trouvé d'or, enfin pas beaucoup. Moi non plus. En pourtant, il avait dû passer à côté, ou au-dessus de magnifiques pépites. Moi aussi, peut-être n'ai-je pas su découvrir certaines richesses enfouies au fond de moi-même... »[1].

Octobre 1960 — « La connaissance rationnelle a détruit pour l'homme le sens de sa propre vie. Il faut une rédemption qui ne peut se trouver que dans la connaissance elle-même. Il ne s'agit pas de la sagesse des anciens, mais d'une éthique orgueilleuse, idéaliste, conquérante, comme certaines éthiques religieuses. »

Février 1963 — « Comment peut-on, comme moi, aimer passionnément la vie : les paysages, les femmes, les idées, les hommes, la musique, la chaleur, l'affection, l'influence que l'on exerce, l'admiration que l'on provoque — et y tenir aussi peu ? Est-ce un mensonge ? Ou bien est-ce parce que je tiens tant à tout cela que je préfère renoncer à tout, plutôt que d'être privé d'une parcelle ? »

Novembre 1963 — « La science et l'art sont les deux disciplines qui appréhendent la réalité. C'est ce qui fait leur unique grandeur, leur valeur incomparable dans l'éthique de la connaissance. Le réalisme, le positivisme vulgaire, sont aussi éloignés que possible de cette réalité-là. Mais l'homme de science et l'artiste sont dans des situations bien différentes devant cette réalité. Situation bien plus périlleuse pour l'artiste, sauf pour les très grands ».

(Sans date) — « Les philosophes imperturbables. Il faut perturber ; résonance gidienne qui m'agace. Comment ai-je pu tant aimer Gide ? »

— « "L'éthique de la connaissance", c'est un existentialisme scientifique, mais je voudrais en supprimer le sentiment tragique de l'existence, en tous cas ne pas faire de romantisme ou de grands sentiments là-dessus ».

---

1. Il est piquant de noter que Jacob et Monod ont précisément fait leurs plus importantes découvertes au cours de ces années 59 et 60.

Ces notes reflètent la continuité des préoccupations de Jacques Monod. Elles seront développées dans sa Leçon inaugurale au Collège de France (1967, reprises dans les « Robbins Lectures », au Collège Pomona en Californie (1969), enfin approfondies dans *Le hasard et la nécessité* (1970).

* *
*

LA LEÇON INAUGURALE AU COLLÈGE DE FRANCE

Le 3 novembre 1967, devant une assistance choisie, Jacques Monod développe ses principaux thèmes de réflexion, que je me bornerai à énumérer ci-dessous :

– Les êtres vivants possèdent deux propriétés principales : l'*Émergence* (définie comme propriété de se reproduire et d'évoluer) et la *Téléonomie,* à distinguer de la finalité.

– Les théories et spéculations transcendantes sur la vie, (vitalistes, religieuses, métaphysiques) sont purement subjectives. « Une seule théorie est fondée sur les données objectives, celle de Darwin, où l'émergence précède la téléonomie. »

– L'ADN, système de réplication qui assure la permanence des espèces, est aussi à l'origine de leur évolution.

– Les « *protéines allostériques* » (qu'il a lui-même décrites) ont permis aux systèmes vivants de se libérer des contraintes chimiques et thermodynamiques.

– Le caractère transmissible des idées et des connaissances explique l'évolution culturelle propre à notre espèce.

– L'aliénation de l'homme moderne, face à la culture scientifique, fait de l'homme « un étranger dans un cosmos où il n'a plus de place assignée et nécessaire ».

– Le choix de l'objectivité est pour l'homme de science « un choix éthique, austère et contraignant ».

Cette leçon inaugurale (qui sera traduite en langue anglaise), aura un important retentissement. Les thèmes, énoncés ci-dessus, seront examinés plus loin et discutés en même temps que les commentaires suscités par son livre.

* *
*

LE HASARD ET LA NÉCESSITÉ[1]

En sous-titre : « *Essai sur la philosophie naturelle de la biologie moderne* ».

Que faut-il comprendre par *naturelle* ? Ayant trait à la Nature, ou bien issue de la Nature ? Les deux sans doute. Mais, que faut-il entendre par « Nature » ? Cela n'a rien d'évident. On découvre en effet que, pour Monod, la Nature c'est l'inanimé, le monde minéral, l'univers cosmique — par opposition à l'animé, aux êtres vivants. Cette distinction aurait mérité d'être explicitée, car le Vivant est généralement considéré comme partie intégrante de la Nature.

Deux citations figurent en épigraphe :

1. *Le Seuil*, Paris, 1970.

La première (à l'origine du titre) est attribuée à Démocrite : « Tout ce qui existe dans l'univers est le fruit du hasard et de la nécessité ».

Cette paternité présocratique est contestée par Antoine Danchin, un autre pastorien, auteur d'un essai sur les origines de la vie, intitulé : *Une aurore de pierres* (Seuil, 1990). Voici ce qu'il écrit : « J'ai longtemps ressenti un malaise devant l'épigraphe démocritéenne du fameux livre de Jacques Monod, où le hasard fermait à jamais la route à la science des origines. Ce hasard là ne pouvait pas venir des inventeurs de la science des Grecs d'avant Socrate et j'ai été soulagé lorsque j'ai découvert que l'un des deux seuls fragments qui nous restaient de Leucippe, précurseur et maître peut-être de Démocrite, remplaçait le hasard par la norme des lois de la nature... ».

Danchin a placé son propre ouvrage sous l'égide de Leucippe : « Aucune chose ne devient par soi-même et sans cause, mais tout vient d'un ordre et sous l'empire de la nécessité ». Il ajoute en bas de page (et je lui laisse l'entière responsabilité de cette assertion) : « L'épigraphe du livre de Jacques Monod est apocryphe, elle ne correspond qu'à une interprétation généralement répandue des fragments qui nous restent de Démocrite. »

L'autre citation, placée en tête du *Hasard et la nécessité,* provient du *Mythe de Sisyphe,* œuvre de son ami Albert Camus. Elle est longue, aussi n'en citerai-je que les dernières lignes : « Cet univers désormais sans maître ne lui paraît ni stérile ni futile... La lutte elle-même vers les sommets suffit à remplir un cœur d'homme. Il faut imaginer Sisyphe heureux. » On peut voir dans ces lignes un avertissement à l'intention de ceux qui trouveraient désespérante « l'éthique de la connaissance » que Monod va proposer, ou bien l'indication, qu'en philosophie comme en science, la satisfaction provient autant de la recherche que de son issue.

Une courte préface souligne la place centrale de la biologie pour qui veut explorer la relation de l'homme à l'univers : « Si la théorie moléculaire du code (génétique) ne peut aujourd'hui — et sans doute ne pourra jamais — prédire et résoudre toute la biosphère, elle constitue dès maintenant une théorie générale des systèmes vivants. Il n'y avait rien de semblable dans la connaissance scientifique antérieure à l'avènement de la biologie moléculaire. Le "secret de la vie" pouvait paraître inaccessible dans son principe même. Il est aujourd'hui en grande partie dévoilé. »

Le texte, concentré en deux cents pages, n'a rien perdu en vingt-cinq ans de son actualité et de sa vigueur. Après en avoir résumé les grandes lignes, j'en aborderai la discussion.

Monod oppose « ce qui est naturel », façonné par la nature, (fleuves, rochers...) à quoi on ne peut attribuer aucun projet, à « ce qui est artificiel », tels les produits façonnés par l'homme qui concrétisent un projet, une intention, une démarche prospective. D'où l'énoncé de son postulat de base : « La nature est objective et non projective » (...) « Par opposition, les êtres vivants apparaissent comme des objets doués d'un projet qu'à la fois ils représentent dans leurs structures et accomplissent par leurs performances. Ils se distinguent de toutes les autres structures, de tous les systèmes présents dans l'univers, par cette propriété que nous appellerons la téléonomie »[1]. Il s'empresse d'ajouter : « si l'analyse de la structure et de ses performances permet d'identifier le projet, il ne donne pas d'indications sur son auteur ».

Les principales caractéristiques des êtres vivants sont ensuite passées en revue : « machines qui se construisent elles-mêmes et se reproduisent sous l'action de leurs seules forces internes, ce qui suppose une quantité prodigieuse d'informations ». Le niveau téléonomique d'une espèce reflète la quantité d'informations transmises. À l'infinie variété des espèces, s'oppose l'invariance de chacune d'elles à travers les générations.

1. Le terme et le concept de *téléonomie* nécessitent des éclaircissements, qui sont proposés à la page 118 du présent ouvrage.

Monod en arrive au cœur du problème, à ce qu'il désigne comme une *flagrante contradiction épistémologique* :

— D'un côté, « la pierre angulaire de la méthode scientifique est le postulat de l'objectivité de la Nature, c'est-à-dire le refus *systématique* de considérer comme pouvant conduire à une connaissance vraie toute interprétation des phénomènes donnée en termes de causes finales, c'est-à-dire de projet (...) Ce postulat d'objectivité est consubstantiel à la science, il a guidé tout son prodigieux développement depuis trois siècles. Il est impossible de s'en défaire, même fût-ce provisoirement, ou dans un domaine limité, sans sortir de la science elle-même. »

— D'un autre côté, « l'objectivité oblige à reconnaître le caractère téléonomique des êtres vivants, à admettre que dans leurs structures et performances, ils réalisent et poursuivent un projet. »

Jacques Monod refuse les interprétations « vitalistes » ou « animistes », qui sacrifient le postulat d'objectivité, en considérant l'humanité comme projet préalable à l'évolution, comme tenant et aboutissant d'une création transcendante. La conception darwinienne de l'évolution (enrichie et renforcée par les nouvelles données de la biologie moléculaire) est la seule où la téléonomie constitue, non pas un préalable, mais une conséquence résultant de la sélection naturelle. Il observe que les adversaires de cette conception n'ont aucune alternative *objective* à proposer.

Trois chapitres sont consacrés à l'exposé des remarquables acquits récents de la biologie moléculaire :

La prodigieuse *diversité* des structures macroscopiques des êtres vivants repose sur une non moins remarquable *unité* de structure microscopique. Les protéines, et plus particulièrement les enzymes, ont un rôle central dans l'activité cellulaire et le fonctionnement des êtres vivants. Il s'agit donc, pour Monod, de percer le mode de formation et d'évolution des structures protéiques, afin de « tenter de cerner le mécanisme de la téléonomie ».

Les protéines sont formées des mêmes vingt acides aminés. Leur séquence « primaire » linéaire, génétiquement programmée, commande leur structure « tertiaire ». Celle-ci est à l'origine de leurs propriétés fonctionnelles stéréospécifiques. « Mais (fait-il observer), on ne peut ni déduire, ni prévoir leur fonction à partir de l'enchaînement des acides aminés : ainsi, si l'on connaît 199 acides aminés sur une chaîne protéique de 200, on ne peut ni prévoir, ni prédire quelle sera le 200e. »

Ceci constitue le premier argument, retenu par Monod, en faveur du **hasard.** Il l'affirme avec autant de talent que de conviction : « Ce que nous voyons dans l'enchaînement *actuel,* c'est ce qui s'est conservé et reproduit dans chaque molécule de protéine, à chaque génération, grâce au message de l'ADN, un mécanisme de haute fidélité qui assure l'invariance des structures. Message qui, par tous les critères possibles, semble avoir été écrit au hasard. Message cependant chargé d'un sens qui se révèle dans les interactions discriminatives, fonctionnelles, directement téléonomiques de la structure moléculaire... Hasard capté, conservé, reproduit par la machinerie de l'invariance et ainsi converti en ordre, règle, nécessité. D'un jeu totalement aveugle, tout par définition peut sortir, y compris la vision elle-même. Dans l'ontogenèse d'une protéine fonctionnelle, l'origine et la filiation de la biosphère entière se reflètent, et la source ultime du projet que les êtres vivants représentent, poursuivent et accomplissent, se révèle dans ce message, dans ce texte précis, fidèle, mais essentiellement indéchiffrable, que constitue la structure primaire (des protéines) ; indéchiffrable, puisqu'avant d'exprimer la fonction physiologiquement nécessaire qu'il accomplit spontanément, il ne révèle dans sa structure primaire que le hasard de son origine. Mais tel est justement le sens le plus profond pour nous de ce message qui nous vient du fond des âges ».

Sont exposées ensuite les remarquables acquisitions des années 50 à 70 concernant l'ADN, les gènes et leur transcription.

Le code génétique vient tout juste d'être décrypté. Ces notions sont aujourd'hui enseignées dans les classes terminales, mais à l'époque elles étaient révolutionnaires[1].

Monod trouve dans ce code son second argument en faveur du hasard : aucune relation *stérique* directe ne relie le triplet codant à l'acide aminé codé[2]. C'est dans cette disparité d'expression du code (qui est dit dégénéré) que Monod voit la marque de la contingence : « le transfert d'information, écrit-il, eût pu tout aussi bien se faire selon une autre convention ».

Comme Francis Crick, avec son « dogme central », Monod considère comme un fait fondamental que l'information ne peut jamais se transmettre en sens inverse dans le sens protéine-ADN, ce qui signifie que « si une protéine se trouvait modifiée chez un individu, cette modification ne pourrait être transmise à la descendance ». Il s'avance toutefois (et cela lui sera reproché) en affirmant : « Ce système est absolument incapable de recevoir quelque enseignement que ce soit du monde extérieur ». Il est toujours dangereux, comme le dit Crick, de formuler des absolus de caractère négatif.

Après avoir souligné *l'invariance du génome,* qui a permis à certaines espèces (en particulier les plus simples) de traverser inchangées des centaines de millions d'années, Monod consacre tout un chapitre au problème de l'*Évolution* qui le fascine :

---

1. Les deux brins dissociables de la double hélice constituent la clé des propriétés réplicatives. Le code génétique est universel, commun à toutes les espèces animales ou végétales. Les codons d'ADN sont formés de trois nucléotides. Ils commandent, par l'intermédiaire d'un ARN messager, l'ordre d'assemblage dans les ribosomes des acides aminés en une chaîne peptidique.

2. Le code, utilisant quatre lettres correspondant aux quatres bases, pouvait théoriquement spécifier 64 acides aminés différents (4x4x4), alors qu'il n'y en a que 20 à exprimer. En fait, certains triplets servent de signal de fin de traduction (codons non-sens). La plupart des acides aminés sont codés par deux ou plusieurs codons, dits « synonymes » (jusqu'à huit pour la leucine). Deux acides aminés (trytophane et méthionine) ne sont codés que par un seul triplet, dit « univoque ».

« L'extraordinaire stabilité de certaines espèces, écrit-il, les milliards d'années que couvre l'évolution, l'invariance du "plan" chimique fondamental de la cellule ne peuvent évidemment s'expliquer que par l'extrême cohérence du système téléonomique qui, dans l'évolution, a donc joué le rôle à la fois de guide et de frein, et n'a retenu, amplifié, intégré qu'une infime fraction des chances que lui offrait en nombre astronomique la roulette de la nature. » (...) « L'évolution n'est nullement une propriété des êtres vivants, puisqu'elle a sa racine dans les imperfections mêmes du mécanisme conservateur qui, lui, constitue bien leur unique privilège. Il faut donc dire que la même source de perturbations, "de bruit", qui dans un système non vivant, c'est-à-dire non réplicatif, abolirait peu à peu toute structure, est à l'origine de l'évolution dans la biosphère et rend compte de sa totale liberté créatrice, grâce à ce conservatoire du hasard, sourd au bruit autant qu'à la musique, la structure réplicative de l'ADN. »

Les erreurs de réplication, modifiant le génome au cours des immenses périodes de temps, peuvent résulter de mutations, ponctuelles ou plus complexes, mais, ce que retient Monod, c'est que leurs conséquences sur l'activité fonctionnelle d'une protéine demeurent totalement imprévisibles, et c'est là son troisième argument en faveur du hasard et de la contingence de l'évolution. Il exprime sa conviction avec une sorte de lyrisme :

« Nous disons que ces altérations sont accidentelles, qu'elles ont lieu au hasard. Et puisqu'elles constituent la *seule* source possible de modifications du texte génétique, *seul* dépositaire à son tour des structures héréditaires de l'organisme, il s'ensuit nécessairement que le hasard *seul* est à la source de toute nouveauté, de toute création dans la biosphère, le hasard pur, le seul hasard, liberté absolue mais aveugle, à la racine même du prodigieux édifice de l'évolution. Cette notion centrale de la biologie moderne n'est plus aujourd'hui une hypothèse parmi d'autres possibles ou au moins convenables. Elle est *la seule*, comme seule compatible avec les faits d'observation et d'expérience. Et rien ne permet de supposer (ou d'espérer) que nos conceptions sur ce point devront et pourront même être révisées ». Il prend soin de bien préciser ce qu'il entend par le terme hasard : il s'agit d'une incertitude qui n'est pas seulement « opérationnelle », comme dans les jeux de hasard, mais « essentielle », provenant de la rencontre de chaînes causales totalement indépendantes (comme la tuile tombant sur la tête d'un passant). Autrement dit, l'altération accidentelle de l'ADN d'un gène survient indépendamment de ses conséquences éventuelles sur l'activité fonctionnelle de la protéine qu'il code.

Sa conception néo-darwinienne de l'évolution est ainsi résumée : « Une fois inscrit dans la structure de l'ADN, l'accident singulier, et comme tel absolument imprévisible, va être mécaniquement et fidèlement répliqué et traduit, c'est-à-dire, à la fois multiplié et transposé à des millions et des milliards d'exemplaires. Tiré du pur hasard, il entre dans celui de la nécessité... car c'est à l'échelle macroscopique, celle de l'organisme, que s'opère la sélection ». Les seules mutations viables sont celles compatibles avec la cohérence du système téléonomique global que représente un organisme, avec ses contraintes internes et externes, « le renforçant le plus souvent dans l'orientation déjà adoptée, ou, et sans doute bien plus rarement, l'enrichissant de possibilités nouvelles (...) « C'est la performance téléonomique, expression globale des propriétés du réseau des interactions constructives et régulatrices qui est jugée par la sélection et c'est de ce fait que l'évolution elle-même paraît accomplir un "projet", celui de prolonger et d'amplifier un "rêve" ancestral ». La pression de sélection, jouant le rôle d'un filtre téléonomique, est responsable de l'irréversibilité globale de l'évolution. Cette sélection fait intervenir le milieu extérieur (la niche écologique), mais aussi les performances téléonomiques préexistantes au moment de la mutation ».

Il est persuadé que les adversaires des thèses néo-darwiniennes sous-estiment « l'inépuisable richesse de la source du hasard, où puise la sélection au cours de centaines de millions d'années ». Selon ses estimations, si une mutation au sein de l'ADN d'une bactérie est un accident rare, de l'ordre de 1 pour 10^6, à 10^8 divisions cellulaires, une population bactérienne en développement comporte des milliards de cellules, donc un nombre important de mutants. Il en est de même dans la lignée germinale des organismes supérieurs (dont le génome contient mille fois plus de gènes que le génome d'une bactérie), et dont les gamètes mâles se comptent par milliards. L'apparition de maladies génétiques *de novo*, dans des familles humaines sans antécédents familiaux, avec une fréquence de l'ordre de 1 pour 10^4 à 10^5 naissances, confirme la réalité de ces mutations transmissibles. Pour la totalité de la population humaine actuelle du globe, Monod avance un chiffre de mutations supérieur à cent milliards par génération. Il pense avoir ainsi réfuté par avance l'objection qui lui sera faite, selon laquelle les mutations et modifications chromosomiques sont beaucoup trop rares pour pouvoir expliquer les millions d'espèces existantes (nous y reviendrons).

Cette remarquable assurance ne l'empêche pas de prévoir des résistances : « L'homme, écrit-il, est intuitivement téléonomique », c'est-à-dire qu'il répugne à exclure tout projet, il n'est pas prêt à abandonner son anthropocentrisme. Monod mesure les difficultés qu'il y a à faire accepter que l'immense complexité du vivant et ses remarquables performances puissent procéder du hasard et il ne craint pas de citer lui-même la remarque frappante de François Mauriac : « Ce que dit ce professeur est bien plus incroyable encore que ce que nous croyons, nous autres pauvres chrétiens ! ».

Il s'attend d'autant plus aux objections qu'il est le premier à reconnaître que « la découverte du système duplicatif ne résout pas le *problème des origines* et qu'il le rend même plus ardu ».

Ce n'est pas tant, en effet, la formation des premiers constituants organiques qui lui semble difficile à imaginer (nucléotides, acides aminés), que l'apparition de la première cellule capable de se dupliquer. La formation de ce premier « appareil téléonomique » pose un problème qu'il juge insoluble : qui de l'ADN ou des protéines a précédé l'autre ? « C'est ici (écrit-il) qu'on atteint le véritable "mur du son" car nous n'avons aucune idée de ce que pouvait être la structure d'une cellule primitive. Le système vivant, le plus simple que nous connaissions, la cellule bactérienne, petite machinerie d'une complexité comme d'une efficacité extrêmes, avait peut-être atteint son présent état de perfection il y a plus d'un milliard d'années. Le plan d'ensemble de la chimie de cette cellule est le même que celui de tous les autres êtres vivants. Elle emploie le même code génétique et la même mécanique de traduction que les cellules humaines par exemple. Ainsi les cellules les plus simples qu'il nous est donné d'étudier n'ont rien de primitif. »

L'apparition du code génétique et de l'appareil de traduction demeure une énigme : « Le code n'a pas de sens à moins d'être traduit, la machine à traduire comporte au moins cinquante composants eux-mêmes codés par l'ADN ». Autrement dit, « le code ne peut être traduit que par des produits de traduction ». Il faudrait donc qu'ils soient nés ensemble[1]. Si cette naissance devait résulter du hasard, elle était tellement improbable, écrit-il, « que sa probabilité *a priori* était quasi-nulle ». Puisqu'il faut bien en constater l'existence, il en conclut que cet élément décisif n'a pu se produire qu'une fois, sans que l'on puisse savoir si d'autres tentatives ont pu avoir lieu et avoir été éliminées par la sélection. « On ne peut donc ni affirmer ni davantage nier, que l'apparition de la vie ait pu résulter d'un

---

1. De nombreux biologistes pensent aujourd'hui que les premières molécules organiques assemblées auraient été des ARN doués de propriétés enzymatiques. L'ADN serait apparu secondairement comme forme de stockage plus stable de l'information (voir Christian de Duve, *Poussière de vie,* Fayard, 1996).

événement unique. De même, l'apparition de l'homme, elle aussi unique et tardive, aurait pu tout aussi bien ne pas être ».

Monod concède qu'une telle façon de voir heurte notre tendance à « considérer que tout ce qui existe était de tout temps nécessaire, et en particulier l'apparition de notre espèce, mais ce sont là des considérations anthropocentriques dénuées de fondement objectif ». Bref, il résume sa conviction en une formule frappante : « L'univers n'était pas gros de la vie, ni la biosphère de l'homme ». Idée déjà exprimée dès la première phrase de sa préface : « le monde vivant ne constitue qu'une part infime et très spéciale de l'univers connu ».

Après des considérations sur l'instinct et l'intelligence, sur le développement concerté du cerveau et du langage chez les hominidés, le livre se termine par un chapitre bien différent des précédents, intitulé « *Le Royaume et les ténèbres* » : l'homme, produit des gènes et des acquisitions culturelles cumulatives des générations qui l'ont précédé, est capable de modifier son environnement. L'angoisse métaphysique lui est propre. Il cherche un sens à la vie dans des ontogénies mythiques, religieuses et métaphysiques.

Du conflit entre ces doctrines transcendantes et la connaissance objective, seule source de vérité authentique, résulte le malaise moderne déjà évoqué par Monod dans sa leçon inaugurale : « Cette idée austère et froide (la connaissance objective), qui ne propose aucune explication, mais impose un ascétique renoncement à toute autre nourriture spirituelle, ne pouvait calmer l'angoisse innée ; elle l'exaspérait au contraire. Elle prétendait d'un trait effacer une tradition cent fois millénaire, assimilée à la nature elle-même ; elle dénonçait l'ancienne alliance animiste de l'Homme avec la Nature, ne laissant à la place de ce lien précieux qu'une quête anxieuse dans un univers glacé de solitude. Comment une telle idée, qui semblait n'avoir pour soi qu'une puritaine arrogance, pouvait-elle être acceptée ? Elle ne l'a pas été ; elle ne l'est pas encore. Si elle s'est malgré tout imposée, c'est en raison uniquement de son prodigieux pouvoir de performance. En trois siècles, la science fondée sur le postulat d'objectivité a conquis sa place dans la société, dans la pratique, mais pas dans les âmes... ».

Monod observe le déchirement des sociétés occidentales entre les avancées techno-scientifiques et les valeurs judéo-chrétiennes traditionnelles. Ce protestant agnostique, imprégné de valeurs spirituelles et morales, voudrait concilier connaissance objective et valeurs spirituelles ? Pour lui, toute action réfléchie met en jeu des choix de nature éthique : « Si la connaissance objective paraît en soi exclusive de tout jugement de valeur (autre que de valeur épistémologique), et si l'éthique, par essence non objective, semble à jamais exclue du champ de la connaissance, le choix du type de connaissance constitue cependant un choix de nature éthique, une éthique de la connaissance ».

Ce désir de concilier l'inconciliable suscitera, nous le verrons, d'innombrables critiques, aussi doit-on suivre attentivement le raisonnement de Monod, pour ne pas lui reprocher ce qu'il ne dit pas : « Dans un système objectif, toute confusion entre connaissance et valeurs est interdite. Mais (et ceci est le point essentiel, l'articulation logique qui associe, à la racine, connaissance et valeurs), cet interdit, ce "premier commandement", qui fonde la connaissance objective, n'est pas lui-même objectif, et ne saurait l'être, c'est une règle morale, une discipline. La connaissance vraie ignore les valeurs, mais il faut pour la fonder un jugement, ou plutôt un "axiome de valeur". Il est évident que de poser le postulat d'objectivité comme condition de la connaissance vraie constitue un choix éthique et non un jugement de connaissance, puisque selon le postulat lui-même, il ne pouvait y avoir de connaissance "vraie" antérieure à ce choix arbitral. Le postulat d'objectivité, pour établir la "norme" de la connaissance, définit une valeur qui est la connaissance objective elle-même. Accepter le postulat d'objectivité, c'est donc énoncer la proposition de base d'une éthique : *l'éthique de la connaissance* ».

Ce raisonnement un peu alambiqué n'est pas vraiment convaincant. Il doit en être conscient , car il s'en explique à nouveau un peu plus loin : « C'est le choix de l'objectivité que l'homme s'impose à lui-même, qui fonde la vérité de la connaissance, par opposition aux éthiques des religions révélées, qui lui sont imposées de l'extérieur ». La priorité accordée à la connaissance objective constitue une éthique « austère, abstraite, orgueilleuse », car incapable de répondre à notre besoin inné d'explication totale, à notre angoisse de la solitude et à notre besoin de dépassement. Cependant, « l'éthique de la connaissance est justement une exigence de dépassement, elle acquiert une valeur transcendante. Elle constitue une forme d'humanisme, puisque l'homme s'astreint tout seul à se plier à une valeur qu'il a choisie, au même titre que d'autres, tels le courage, l'altruisme, l'action sociale ».

Il le répète une troisième fois en termes voisins : « Par la hauteur même de son ambition, l'éthique de la connaissance pourrait peut-être satisfaire cette exigence de dépassement. Elle définit une valeur transcendante, la connaissance vraie, et propose à l'homme, non pas de s'en servir, mais désormais de la servir par un choix délibéré et conscient. Cependant elle est aussi un humanisme, car elle respecte dans l'homme le créateur et le dépositaire de cette transcendance ».

Il voudrait même élargir cette conception à la société tout entière : « L'éthique de la connaissance est à mes yeux la seule attitude à la fois rationnelle et délibérément idéaliste sur quoi pourrait être édifié un véritable socialisme ». Il conçoit une éthique humaniste, fondée sur la connaissance objective et sur le libre choix : « Acceptée comme base des institutions sociales et politiques, donc comme mesure de leur authenticité, l'éthique de la connaissance impose des institutions vouées à la défense, à l'extension, à l'enrichissement du Royaume transcendant des idées et de la création. »

Le *Royaume* est donc celui de la connaissance objective — et les *ténèbres* sont celles des mythologies obscurantistes qui font fi de l'objectivité. Les dernières lignes du *Hasard et la nécessité* résonnent avec un accent auquel nul ne peut être insensible : « L'homme sait enfin qu'il est seul dans l'immensité indifférente de l'Univers d'où il a émergé par hasard. Non plus que son destin, son devoir n'est écrit nulle part. À lui de choisir entre le Royaume et les ténèbres ».

Comme *La double hélice* de Watson, *Le hasard et la nécessité* devint un best-seller : plus de deux cent cinquante mille exemplaires vendus en quelques mois, et des traductions en de nombreuses langues. Pourtant rien de plus éloignés que les ouvrages de ces deux scientifiques : celui de Jim était narcissique et plein d'anecdotes, celui de Jacques, qui ne mentionne nulle part ses propres travaux, et dépasse l'actualité pour explorer l'énigme du Vivant, est empli de gravité.

L'immense intérêt qu'il a suscité dans tous les milieux, aussi bien en France qu'à l'étranger, tient à de multiples raisons : l'originalité et la rigueur de la pensée ; la notoriété de l'auteur, prix Nobel et professeur au Collège de France ; le titre qui sonne bien et suscite la curiosité ; l'aura entourant les découvertes, alors toutes neuves, de la biologie moléculaire, qui apportent un regain d'intérêt à la théorie de Darwin ; la fougue et la conviction de l'auteur ; enfin la qualité de l'écriture, élégante et concise.

Cet ouvrage sera ressenti comme un défi par les tenants des animismes (parmi lesquels Monod englobe le marxisme), et par les défenseurs de théories transcendantes qualifiées « d'illusions anthropocentriques conçues par une humanité niant désespérément sa propre contingence ». S'il s'était exprimé avec prudence et de façon plus nuancée, il aurait sans doute suscité moins d'opposition. Mais mieux vaut être combattu qu'ignoré.

* *
*

COMMENTAIRES SUSCITÉS EN FRANCE PAR « *LE HASARD ET LA NÉCESSITÉ* »

Jacques Monod demeure de nos jours un des auteurs les plus souvent cités dans les débats ayant trait à l'origine de la vie et à son évolution. Il personnifie la conception d'une vie contingente, apparue accidentellement sur notre seule planète. Cette conception est acceptée, ou (le plus souvent) rejetée en bloc, sans qu'on se soucie d'analyser les arguments qui font la richesse de son livre. D'où l'intérêt de prendre connaissance des commentaires détaillés publiés il y a 25 ans. Parmi les centaines d'articles parus dans la grande presse, ou dans des revues spécialisées, en France comme à l'étranger, j'évoquerai ici les analyses qui m'ont paru les plus instructives.

Le hasard et la nécessité a suscité de nombreux commentaires dans les *revues d'appartenance religieuse* — aussi bien protestantes que catholiques.

L'étude faite par Marc Foessler, co-directeur du Centre protestant d'Études de Suisse romande (dans son *Bulletin* de juin 1971), m'a paru aussi compréhensive qu'approfondie (10 pages). Il constate que s'élargit le fossé séparant la connaissance scientifique des valeurs auxquelles se rattache la foi. « À tel point, écrit-il, que pour le croyant, la tentation se fait pressante de s'installer peu à peu dans une impossible schizophrénie entre l'ordre objectif de la raison et l'ordre subjectif du cœur. Ce n'est pas dans des exclusives mutuelles, mais dans des clarifications réciproques qu'on peut espérer trouver une solution. À cet égard, le livre de J. Monod est exemplaire. Malgré son ton apparemment cassant et ses formules tranchantes, il pose les termes d'un vrai débat, dont la probité et l'élégance ne sont pas sans rappeler Camus, car la vision de Monod est celle d'un *humaniste tragique :* une éthique fondée sur la seule connaissance objective n'offrant pour cadre qu'un univers glacé de solitude — ce qui réclame une profonde abnégation. Jacques

Monod veut montrer que l'acte même par lequel s'instaure la science est un acte d'authenticité, une discipline, une règle morale. » (...)

« Taxer la position de J. Monod de scientiste, ou positiviste, ne va pas au fond des choses et ne rend pas justice à sa passion pour le royaume des idées claires et distinctes, ni à sa certitude que la connaissance vraie repose en dernière analyse sur un postulat d'ordre éthique (...) Monod refuse toute illusion dualiste qui attribuerait la présence de l'esprit à une autre source que "l'insondable profondeur de l'héritage génétique et culturel", mais c'est une position équivoque, car elle risque d'assimiler la réalité humaine au seul fonctionnement hyper-complexe d'une mécanique cybernétique évoluée. Cependant, le grand mérite de J. Monod est de circonscrire avec précision les limites de validité du discours scientifique et de la connaissance objective, de montrer que l'on passe à un autre ordre de discours en faisant intervenir une projection finaliste, et de refuser cette confusion. Mais sa faiblesse est de ne tenir pour valable et valorisable que la seule connaissance issue du postulat d'objectivité. » (...)

« On ne manquera pas d'être impressionné par la rigoureuse cohérence de l'ensemble de la démonstration. Il faut reconnaître à la pratique scientifique la place qui lui revient, mais à l'intérieur d'une perspective anthropologique beaucoup plus large, soucieuse d'une réflexion critique tant sur l'acte de connaître que sur l'acte d'exister, sinon l'ascèse réclamée par Monod court le risque d'être une amputation. (...) Notre expérience d'exister déborde infiniment le cadre étroit de toute réduction explicative. L'immense mérite de la pensée phénoménologique issue de Husserl est d'avoir réveillé cette expérience première de présence au monde, distincte de celle des choses ». Marc Faessler cite à l'appui Merleau-Ponty : « Je ne suis pas le résultat ou l'entrecroisement des multiples causalités qui déterminent mon corps ou mon psychisme, je ne puis pas me penser comme une partie du monde, comme le simple objet de la biologie, de la psychologie et de la sociologie, ni fermer sur moi l'univers de la science. Tout ce je sais du monde, même par science, je le sais à partir d'une vue mienne ou d'une expérience du monde sans laquelle les symboles de la science ne voudraient rien dire. Tout l'univers de la science est construit sur le monde vécu et si nous voulons penser la science elle-même avec rigueur, en apprécier exactement le sens et la portée, il nous faut réveiller d'abord cette expérience du monde dont elle est l'expression seconde ».

M. Foessler considère enfin que « l'éthique de la connaissance » ne peut en soi constituer un projet existentiel : « L'ambiguïté de la position de J. Monod vient de ce que, sans confondre connaissance objective et choix de cette dernière comme valeur suprême, il identifie cependant son projet d'existence à la poursuite de la seule connaissance objective. L'explication scientifique est alors promue au rang d'une vérité quasi métaphysique, seule vraie, seule source d'authenticité. Cela implique un renoncement à toute autre forme de connaissance et d'expérience et un détachement du vécu. La foi donne sens, en fonction d'un projet d'existence beaucoup plus ample et profond que celui contenu dans la sévère ascèse de la connaissance.

Le R.P. Marc Oraison (qui commença par la médecine avant de s'engager dans la prêtrise), avait adressé en 1967, à Jacques Monod, sa thèse de doctorat en théologie, « Vie chrétienne et problème de sexualité ». Cet ouvrage avait inquiété les évêques de France et fut mis à l'index par Rome. Par lettre du 23 novembre 1967, Monod le remercie de son ouvrage sans porter de jugement, il se borne aux remarques suivantes :

« À la vérité la mort ne pose aucun problème à la biologie. Le fait qu'elle puisse être parfois difficile à définir médicalement ou légalement, ne constitue pas une difficulté scientifique. Enfin permettez-moi de relever une légère inexactitude : vous dites (ou vous paraissez impliquer) dans un de vos chapitres, que la structure même des êtres vivants implique la mort comme fin inéluctable. Cela n'est pas exact. Une bactérie, par exemple, est un être potentiellement immortel. La mort ne devient un accident inéluctable que chez les organismes dans lesquels le soma et le germen sont différenciés. Mais dans la biosphère, seul compte le germen. Le soma ne représente qu'une phase transitoire, utile seulement à la propagation du germen. »

Trois ans plus tard, stimulé par la lecture de l'ouvrage de Monod, ce n'est pas un article, mais un livre, que le R.P. Oraison rédige en l'espace d'un mois : *Le hasard et la vie*, qui est l'antithèse du *Hasard et la nécessité.* L'ouvrage publié chez le même éditeur (Le Seuil, 1971) sera bien loin de rencontrer le même succès. C'est un hymne à la subjectivité. Alors que Monod préconise la connaissance objective comme valeur suprême, Marc Oraison, convaincu de la relativité du savoir, qui fait croire au hasard, vante la psychanalyse et l'amour : « le but de tout, écrit-il, c'est l'amour et non le savoir... ». Chacun pourra apprécier à sa guise cette forme un peu primaire d'anti-scientisme, frisant l'obscurantisme.

Parmi les commentaires de philosophes ou de penseurs, je citerai tout d'abord un vivant échange entre Arthur Koestler et mon regretté collègue et ami, Pierre Debray-Ritzen[1], paru dans le *« Figaro littéraire »* du 1er octobre 1971 :

À la première question soulevée par Debray-Ritzen :
— « Les savants posent-ils les questions pertinentes et essentielles ? » Koestler répond :
— « Monod esquive les problèmes de base, je viens de terminer son livre et sa dernière phrase m'a amusé ; "À l'homme de choisir entre le Royaume et les Ténèbres". Le verbe capital ici, c'est choisir, car on ne peut choisir que s'il existe un libre arbitre, or le problème du libre arbitre n'est nulle part discuté dans son livre. Quelque part, il parle en passant d'un pur automatisme ; qu'est-ce que ça veut dire, ou bien il existe un libre arbitre,

---

1. Debray-Ritzen réunissait en une seule personne, Pierre Debray professeur à la faculté de Médecine de Necker, et Quentin-Ritzen, écrivain de grand talent.

ou bien il n'en existe pas et tout est automatique et le mot *pur* ne veut rien dire ».

P. D-R. — « Sans doute la vérité de Monod est-elle quelque peu réduite à ces disciplines triomphantes de génétique et de biologie moléculaire, et d'une façon plus générale aux succès de la science expérimentale. Mais, en France, nous avons soif de rigueur face aux philosophades ».

A. K. — « Philosophades ? »

P. D-R — « Oui, systèmes purement verbaux, débordement de logos étranger à tout concret. Le mot est de Giono, il vous convient ? »

A. K. — « Tout à fait, et croyez bien que, moi aussi, je tourne le dos aux philosophades. Tout comme Monod, et comme Emmanuel Kant, j'éprouve le besoin d'une épistémologie critique. Cependant chez les Anglo-saxons, où la science expérimentale est respectée, les métaphysiques spéculatives et dialectiques n'ont qu'une audience restreinte. Au fond c'est un péché français. Je me souviens qu'en 1946 j'ai parlé à Sartre de neuro-psychologie et il m'a répondu : "la science ne m'intéresse pas". J'en suis resté stupéfait ».

P. D-R — « C'est pourquoi on est assez ému par cette ascèse scientifique que prône Monod, et dans laquelle il déplore que notre monde contemporain soit incapable d'entrer ».

A. K. — « Mais enfin, on ne peut se cantonner à cette ascèse. Cette "éthique de la connaissance" ne peut être admise comme la seule source de vérité authentique. Sans doute faut-il chercher à dire la vérité, mais n'est-ce pas là un axiome bien étroit ? Quelles réponses cette éthique de la connaissance offre-t-elle aux questions les plus brûlantes, au problème de la fin et des moyens ?...

P. D-R — « Seriez-vous animiste ? »

A. K. — « Si je dois admettre qu'une source est sous la dépendance d'une déesse, ou qu'un bon dieu a fait le plan de la nature et projeté le tout, je ne le suis pas ».

P. D-R. — « Ce sont là les animismes les plus naïfs, la vieille alliance entre la nature et l'homme... »

A. K. — « On peut accepter la terminologie de Monod lorsqu'il met en garde contre les certitudes animistes, parmi lesquelles il inclut Hegel, Marx, Bergson et Teilhard. »

P. D-R. — « Il est des animismes plus subtils. Dans les idéologies qui se disent et se veulent fondées sur la science — idéologies dont la vôtre selon Monod — on retrouve tout de même sous une forme voilée la projection animiste. En définitive acceptez-vous qu'il existe un projet dans la nature ? La nature n'est pour lui qu'un objet et on ne peut lui prêter aucune intention. Si vous n'êtes pas d'accord avec cela vous devez être animiste à quelque degré. »

A. K. — « Eh bien, je dois l'être un petit peu. Seulement, je veux m'expliquer là-dessus. Ce n'est pas un projet au sens humain du mot que je soupçonne dans la nature, mais un système de formes et de structures qui fonctionnerait hiérarchiquement de l'électron à l'esprit humain. Je ne veux pas m'enfermer dans l'antithèse rigide de la partie et du tout. »

P. D-R. — « Avouez que vous êtes là dans l'hypothèse, non dans l'acquisition scientifique. »

A. K. — « Oui dans l'hypothèse, dans une théorie des systèmes, mais pas dans les philosophades. » (et Arthur Koestler développe sa conception de la hiérarchie des systèmes)... Il reprend par la suite : « Le malheur n'est pas que la science se spécialise, mais que les spécialistes aient une fâcheuse tendance à universaliser leurs découvertes. La science doit résoudre des questions sans perdre de vue que son devoir est d'en poser de nouvelles. »

P. D-R. lui demande alors comment il juge le néo-darwinisme de Monod.

A. Koestler (je résume) reproche à Monod de n'avoir pas mentionné les objections de Waddington, de Thorpe, d'Herbert

Simon. Il estime simpliste la conception linéaire mutations-sélection. Pour lui, doit être substituée une vision ramifiée hiérarchique de l'évolution. Il conteste avoir qualifié l'attitude analytique de réductionniste (ainsi que le lui reproche Monod). Il considère l'analyse essentielle dans toute démarche scientifique, mais elle ne suffit pas. « Le dogme central » de F. Crick (qui rejoint l'affirmation de Jacques Monod, à savoir que l'information ne peut passer qu'à sens unique de l'ADN vers l'ARN) est battu en brèche par certains virus, le milieu pourrait donc influencer le génome. « Il importe, dit-il en conclusion, de ne pas être trop dogmatique ».

Louis Salleron (*Carrefour des Idées,* 2 décembre 1970) se borne à commenter la leçon inaugurale de Monod au Collège de France (il n'a pas encore lu *Le hasard et la nécessité*). Il conteste qu'il n'y ait de connaissance qu'objective, ce qui limiterait le savoir au quantifiable. Fonder là-dessus une éthique est une confusion des genres. Monod condamne les doctrines animistes au profit d'une véritable religion scientiste, il trouve des accents pascaliens dans sa fameuse déclaration : « L'homme sait maintenant que comme un Tzigane, il est en marge de l'univers où il doit vivre. Univers sourd à sa musique, indifférent à ses espoirs, comme à ses souffrances et ses crimes... » Mais, dit Salleron, lorsque Monod écrit : « à lui de choisir entre le Royaume et les ténèbres, ce royaume n'est plus celui de Dieu, c'est celui de l'homme et cette auto-transcendance n'est plus rien. »

Edgar Morin commente de façon élogieuse le livre de Monod. « Certains mécanismes fondamentaux, écrit-il, sont élucidés. Ce qui semblait relever jusqu'alors d'un mystère vitaliste est éliminé (...) Cependant, la vie devient d'autant plus énigmatique qu'elle est plus expliquée. » (...) « Monod s'en tient à l'éthique de la connaissance objective » (...) « Dans sa conception janséniste, le hasard remplace la grâce divine. » E. Morin se demande si l'innovation est toujours accidentelle, si l'ADN est vraiment insensible à toute influence extérieure. Il n'en conclut pas moins par ces mots : « Nous sentons que toutes les grandes interrogations de ce siècle doivent de plus en plus se référer à la révolution biologique qui s'accomplit ».

François Dagognet (professeur d'Histoire et philosophie des Sciences, à Lyon) écrit dans *« Le Monde »* du 15 novembre 1970 : « Monod excelle à départager les deux séries originaires, la part du gratuit et celle du rationnel (...) mais à la fin de ses analyses d'iconoclaste, ne prend-il pas peur de lui-même ? Nous cessons de comprendre. Il ne s'explique pas suffisamment. Après l'appel au meurtre contre les légendes philosophiques, les fables et les traditions, il entreprend de professer l'ascèse, de définir une morale, celle de l'objectivité ».

Dagognet se demande si Monod n'a pas été trop loin en excluant toute réaction du milieu sur l'ADN, « en creusant un vide qu'il cherche à combler par une éthique, mais son livre y gagne en intensité, il a ouvert un débat sur un monde dépouillé des arrangements culturels et des mensonges qui l'ornaient, favorable à la fin des fantasmes qui nourrissent la philosophie. »

Jean Piaget — qui vient juste de publier une nouvelle édition de son ouvrage, *Biologie et Connaissance*, (Gallimard 1970) — loue dans la revue *Sciences* (mars 1971) l'originalité des idées de Monod qui méritent une discussion approfondie. Il approuve l'importance donnée aux propriétés stéréospécifiques des enzymes (qui rejoint ses propres vues sur ce qu'il appelle les propriétés discriminatives). Il est d'accord sur le fait que la sélection naturelle renforce chaque espèce dans la direction déjà empruntée, mais pense que les mutations ne sont pas entièrement aléatoires, car le génome possède certaines capacités de réparation ou de réorganisation.

N.B. D'autres analyses françaises sont évoquées à l'*Annexe 3.*

* *
*

ANALYSES DU *HASARD ET LA NÉCESSITÉ* DANS LA PRESSE ÉTRANGÈRE

Parmi les articles en provenance de *Belgique,* le plus remarquable est celui de Christian de Duve[1], (*Revue générale Belge,* n° 2, 1971). Il estime grandement l'ouvrage de Monod, même s'il est en désaccord sur divers points : rien pour lui ne permet d'affirmer que « l'homme sait enfin qu'il est seul », ni d'établir « son étrangeté radicale ». Il lui semble que par réaction contre les animismes anthropocentriques, Monod vient à verser dans un excès contraire (que Duve qualifie « d'anti-anthropocentrisme »).

Comme de nombreux biochimistes, Ch. de Duve pense que la vie est née spontanément sur terre de la combinaison de macromolécules organiques et, contrairement à Monod, qu'elle doit pouvoir naître pareillement sur d'autres planètes bénéficiant de conditions similaires et disposant d'un temps suffisamment long. Il convient, avec Monod, qu'à considérer les innombrables ramifications de l'arbre de vie, les chances qu'avait l'homme d'émerger étaient au départ plutôt faibles : « Qui oserait, écrit-il, discerner dans ce foisonnement la trace d'une lignée privilégiée conduisant nécessairement à la conscience et à l'intelligence ? ».

La pression de sélection s'exerce dans le sens emprunté au départ, de telle sorte que plus la complexité s'accroît, plus se réduit la liberté d'acquisition de chaque branche évolutive. Ch. de Duve désigne du nom « d'entonnoir évolutif » ce resserrement progressif du champ du hasard au cours de l'évolution. Pour lui, « aléatoire ne signifie pas arbitraire, le hasard a ses contraintes représentées par les propriétés associatives de la matière, limitant l'espace des structures possibles. » Enfin, comme beaucoup, Ch. de Duve discerne mal comment un postulat d'objectivité peut s'appliquer à des considérations morales et humanistes.

---

1. Professeur de biochimie à l'Université de Louvain, obtiendra le prix Nobel en 1974, pour ses travaux sur la biochimie des cellules.

Il est intéressant, 25 ans après cet article, de lire le tout récent livre de ce biochimiste, maintenant retraité (*Poussière de vie*, Fayard 1996). Après avoir étudié successivement l'apparition, puis l'évolution de la vie et sa prodigieuse diversification, qui lui a permis de surmonter les plus grands cataclysmes (au prix de l'extinction d'innombrables espèces), De Duve s'interroge sur « le sens de la vie ». Ceci le conduit à distinguer deux catégories de biologistes : ceux, peu nombreux (Brandon Carter, John Barrow, Frank Tipler...) qui, à la suite de Teilhard de Chardin, ont une conception anthropique de l'évolution (considérant que celle-ci tendait dès le départ vers l'homme) et la plupart qui, comme Jacques Monod, adhèrent à une conception darwinienne de l'évolution, résultant de mutations de l'ADN et de sélection naturelle. À ce sujet, De Duve suggère que des mutations portant sur les gènes « homéotiques » ont pu avoir été à l'origine des principales innovations évolutives, et il souligne ce qu'il appelle « les contraintes du hasard » qui limitent la contingence.

Nombreux sont aujourd'hui les biologistes qui n'excluent plus, contrairement à Crick et Monod, la possibilité d'influences extérieures sur l'ADN, et qui considèrent par ailleurs, comme Christian de Duve, que loin d'être un phénomène unique et improbable (comme le pensait Monod), la vie est l'aboutissement inéluctable de la chimie de l'univers et qu'elle est susceptible d'exister partout où les conditions physico-chimiques permettent son essor.

En Grande-Bretagne paraissent de nombreux articles commentant « *Chance and Necessity* » (Collins, London, 1972). Ils sont dans l'ensemble élogieux pour ce qui a trait à la biologie moléculaire, mais généralement critiques — et parfois même sévères — en ce qui concerne les aspects philosophiques. Cette tendance est illustrée par la légende sous une photo de Jacques Monod : « Good biology, bad philosophy », illustrant un article de Stuart Hampshire (*The Observer*, 7 mai 1972).

Aux États-Unis, la presse accorde une large place à « *Chance and Necessity* », publié par Alfred A. Knopf en 1971. L'ouvrage est ainsi présenté : « ce livre éloquent et profondément radical est un événement intellectuel de première importance. Ce fut un best-seller en France où son impact est lié à celui de l'existentialisme. Il a fait l'objet de commentaires détaillés à travers le monde et des traductions dans la plupart des langues sont en préparation ». Les commentaires les plus intéressants proviennent des scientifiques :

H. V. Rickenberg, professeur au département de biophysique et génétique de Denver, relève comme beaucoup d'autres la contradiction existant entre connaissance objective et valeurs éthiques. Il vante toutefois « the flavor of this extraordinary book », extraordinaire non pas tant par les idées déjà émises par d'autres, mais en raison de la clarté et de la force avec laquelle elles sont exprimées. « La vision de Monod est froide et austère, mais noble : privé de ses dieux, l'homme est seul maître de son destin ».

Th. Dobzhansky, de l'Université de Californie, analyse l'ouvrage de Monod dans *Science* (7 janvier 1972). Il souligne la concision et l'élégance de la présentation et salue « l'effort fait par un biologiste de la classe de Monod pour étudier le retentissement de la science sur notre culture et notre société » : « L'ouvrage, écrit-il, mérite une respectueuse considération, même si on est en désaccord sur certains points ». Il expose la conception de Monod sur la téléonomie. Pour sa part, il préfère la terminologie de F. J. Ayala, qui oppose la téléologie « interne » à la téléologie « externe », laquelle suppose un projet préalable. Lui non plus ne suit pas Monod au sujet de la connaissance objective, source de valeurs éthiques. Ceci ne l'empêche pas de conclure ainsi : « malgré quelques dissentiments majeurs, aucun livre récent de biologiste ne m'a paru aussi fascinant et stimulant ».

L'analyse faite par Gunther Stent, mérite qu'on s'y arrête un peu plus longuement pour deux raisons : elle émane d'un spécialiste de biologie moléculaire de l'Université de Californie (Berkeley), ancien collaborateur de Monod, et elle jette un certain éclairage sur le caractère et les réactions de ce dernier. Gunther a d'abord travaillé aux côtés d'Elie Wollman à Pasadena chez Max Perutz, puis à Paris dans le laboratoire de Lwoff en 1952. Comme Monod, mais de façon tout à fait indépendante, il s'est intéressé aux aspects philosophiques de la connaissance. Sa critique du *Hasard et la nécessité*, parue en 1971 dans *The Atlantic Monthly* sous le titre : « An ode to Objectivity », fut à l'origine d'une vive explication avec son ancien maître, à qui il avait adressé une copie de son article accompagnée d'une aimable lettre en français.

Mentionnons tout d'abord quelques points de l'analyse de Gunther Stent : après avoir rendu hommage à la personnalité de Jacques Monod, il considère que la tentative de définir une nouvelle éthique de la connaissance objective apparaît passible des mêmes critiques que celles adressées par Monod à Bergson (à savoir d'être écrit dans un style séduisant en usant d'une dialectique métaphorique). Il discute la conception d'innovation due au hasard et la conception « instructive » de la pression de sélection. Il ne partage pas le sentiment d'isolement de l'homme dans l'univers dont il fait partie.

Jacques Monod répond par une lettre de cinq pages, simple interligne, rédigée en anglais (5 août 1971), qui surprend par son agressivité envers un disciple respectueux et bien intentionné. En voici l'essentiel :
« Cher Gunther, merci de m'avoir adressé votre article que j'ai lu avec intérêt, parce que ce que vous écrivez est rarement indifférent, même lorsque c'est manifestement faux » (...) « Vous me créditez d'opinions qui ne sont pas dans mon livre et qui sont souvent opposées à ce que j'ai voulu dire » (il lui conseille donc de relire attentivement son ouvrage qui « ne se prête pas à une lecture en diagonale »). Il le reprend sur treize points de son analyse... voici les principaux :

« Vous laissez entendre que le scientisme, qui voudrait faire dériver des notions philosophiques et éthiques de la science, s'applique à ma démarche. J'ai au contraire souligné que des valeurs éthiques ne pouvaient pas dériver de la science, mais devaient en tenir compte » (...) « Plus loin, vous laissez croire que j'attribue l'évolution uniquement au hasard, alors que la téléonomie est essentiellement due à la sélection naturelle » (...) « Vous omettez l'importance de l'irréversibilité du flux d'informations partant des gènes qui exclut totalement toute théorie dite instructive ». Pour ce qui est de « l'éthique de la connaissance », il reproche à Stent de s'être appesanti sur les dernières pages d'un livre qui en contient deux cents, ce qui constitue « une sorte de distorsion » : « Dans ces deux dernières pages (écrit-il), je n'ai fait qu'une brève et schématique proposition, sans grand espoir qu'elle devienne acceptable ou même comprise ». Il reproche aussi à Stent « son étrange et insensée conception, que l'adhérence au principe de causalité est une croyance animiste », expliquant qu'il appelle « animiste » ce qui fait appel non pas à une causalité, mais à une finalité. Il précise qu'il n'a jamais prétendu expliquer le projet biologique par le hasard plutôt que par la nécessité. Quant à la survie du plus apte, il ne s'agit pas d'une théorie mais d'un fait, et il ajoute : « Une fois encore relisez mon chapitre concernant l'évolution que vous avez dû passer. »

La lettre se termine ainsi : « Naturellement, mon cher Gunther, vous ferez ce que vous voulez de mes observations. J'ai remarqué depuis longtemps que vous m'attaquiez avant même que je finisse une phrase et que vous ayez essayé de me comprendre (...) Étant donné que vous avez apparemment écrit votre papier avant d'avoir véritablement lu mon livre, relisez-le s'il vous plaît, ce qui nous permettrait de discuter de façon plus utile ». « Yours ever, J. M. »

La réponse de Gunther Stent (24 août 1971) est cette fois en anglais, en voici l'essentiel :

« Je suis désolé que mon article vous ait mis tellement en colère, je puis vous assurer que je n'ai pas voulu vous attaquer et que je n'ai pas lu votre livre en diagonale. Pour vous montrer que mes critiques n'étaient pas superficielles, je vais reprendre les points que vous soulevez. J'ai parlé de « crypto-scientisme », car d'une part vous déclarez que des valeurs éthiques ne peuvent dériver de la science, mais vous fondez une éthique de la connaissance sur l'objectivité (...) Je ne suis pas d'accord sur votre déclaration qu'il est inconcevable qu'une information puisse passer dans le sens protéine vers ADN. Peut-être n'est-ce pas le cas, mais ce n'est sûrement pas inconcevable (...) Je suis surpris que vous trouviez que j'attache trop d'attention aux dernières pages de votre livre et qu'il y ait là une distorsion. Sans nul doute, c'est la partie qui intéresse le plus grand nombre de vos lecteurs et vous avez vous-même souligné le fil logique qui y conduisait (...) Je persiste à penser que le principe de causalité a une origine animiste, car il n'est démontrable qu'à l'échelle humaine (...) Je persiste à penser que les relations entre l'homme et la nature ne constituent pas le but ultime de la science. Vous dites que c'est le problème de base de toute l'épistémologie moderne, alors que pour moi, c'est un problème d'ontologie plus que d'épistémologie, d'ailleurs vous êtes surtout préoccupé par la solitude de l'homme (...) En ce qui concerne les mutations et la part du hasard, notre ami Benzer a montré qu'il y avait des « hot spots » qui n'ont pas une occurrence fortuite... Enfin, le concept d'objectivité mériterait d'être mieux défini, il me paraît regrettable d'utiliser le même mot de « projet » à la fois pour la nature inanimée et pour les êtres vivants... »

Je ne prendrai pas parti sur le fond de cette controverse (je donnerai plus loin mon avis sur la philosophie de Monod), mais l'irritation de ce dernier m'apparaît quelque peu excessive et disproportionnée dans son expression. L'amitié ne saurait exclure la franchise, il semble que Monod n'ait pas apprécié d'être publiquement critiqué par un de ses anciens élèves, d'autant que certaines de ces critiques touchaient sans doute des points sensibles. L'on comprend en revanche que Gunther Stent ait été peiné par le ton de remontrance provenant d'un homme qu'il admirait. La plaie était encore à vif, huit ans plus tard, lorsque Gunther écrivit dans *L'hommage à J. Monod* (1980) : « À mon éternel regret, les dernières années durant lesquelles j'ai été en relation avec Jacques Monod ont été assombries par suite de la critique que j'avais faite en 1971 du *Hasard et la Nécessité*. En recevant la lettre de Jacques Monod, après cette fameuse critique de 1971, j'ai naturellement été assez déconfit d'apprendre que Jacques avait considéré ma tendance à scruter ses idées de façon critique (peut-être hypercritique), non pas comme je le considérais moi-même, comme une façon d'exprimer mon estime, mais comme une envie perverse de l'attaquer. »

D'une tonalité bien différente est l'échange de lettres entre Jacques Monod et Roger Stanier, auquel il avait adressé un exemplaire de son livre avant sa traduction en anglais. Stanier commence en effet par ces mots : *Your book is a masterpiece, alike in form and content.* Il propose même de faire la traduction anglaise de ce chef-d'œuvre.

Voici les principaux points discutés dans cette correspondance :

Stanier s'était étonné de le voir classer le marxisme parmi les animismes. Monod répond (2 juin 1970) : « Il est exact que c'est par extension de sens que je suis venu à qualifier d'animisme le matérialisme dialectique. Peut-être, en effet, pourrait-on ajouter un phrase pour noter qu'il s'agit d'un finalisme cosmique (terme proposé par Stanier) plutôt que d'un animisme. »

Stanier trouvait excessive la phrase suivante (concernant l'innéité des facultés intellectuelles) : « Ces découvertes modernes donnent raison à Descartes et à Kant ». L'assimilation lui paraissait abusive, comparable à celle de Joseph Needham décelant des éléments de mendélisme dans des écrits de sages chinois. Réponse de Monod : « J'admets, en effet, que l'innéité des cadres de connaissance n'est pas une innéité des idées au sens de Descartes et de Kant ; il faudra sans doute amender ce passage. »

Stanier considérait que la racine principale des animismes religieux n'était pas de nature sociale, mais provenait de la peur de la mort, et il s'étonnait que Monod n'en dise mot. À l'appui de son opinion, il évoquait le « Couronnement de la Vierge » qu'il avait longuement contemplé à Villeneuve-lès-Avignon. Cette peinture était pour lui l'illustration du « pseudo-monde » élaboré au Moyen-Âge chrétien : « Le monde réel est condensé en une bande étroite dans la partie moyenne du tableau. Le Golgotha pointe vers le haut, vers la partie céleste, tandis que dans le bas, les régions infernales sont représentées en grand détail. J'ai soudain réalisé que pour l'artiste et ses contemporains, les parties hautes et basses de cette peinture étaient aussi réelles que l'étroite bande dépeignant le monde de l'expérience sensorielle immédiate. Et je me suis demandé quel profond besoin personnel pouvait avoir produit une aussi extraordinaire déformation de l'intellect. »

Commentaire de Monod : « Bien entendu, l'angoisse de la mort est une des motivations les plus fortes qui aient conduit à la construction d'univers imaginaires. Mais, il reste je crois vrai que la fonction biologique remplie par les mythes et les religions était bien de fournir des bases solides à l'ordre social, et par là, de contribuer aux pressions de sélection qui ont joué entre groupes humains. Si je n'ai pas parlé de l'angoisse de la mort, c'est que cela a été dit très souvent et qu'il me paraissait inutile d'y revenir. » Puis, il ajoute : « J'aime beaucoup ton image du Couronnement de la Vierge. Cela me donne presqu'envie de te la voler pour l'introduire dans mon texte... ».

Stanier écrit, enfin, à propos du *Royaume et des ténèbres* : « Ton ultime tentative de lier ensemble la connaissance objective et l'éthique ne m'a pas convaincu ». Nous avons vu que cette même opinion, émise par Gunther Stent, lui avait paru insupportable et qu'il avait accusé ce dernier de « distorsion ». Rien de tel avec Roger Stanier, il s'abstient de relever son scepticisme. Il est vrai qu'il s'agit ici d'une lettre personnelle et non d'un article de presse.

J. Monod termine sa lettre en remerciant R. Stanier de son aimable offre de traduction. Il indique que Knopf, l'éditeur américain, a déjà pris contact avec A. Wainhouse qui avait fort bien traduit sa leçon inaugurale au Collège de France. Il apprécierait toutefois que Stanier vérifie en même temps que lui la future traduction.

N.B. On trouvera dans l'Annexe 4 d'autres commentaires provenant de l'étranger.

* *
*

INTERVIEWS

Le Nobel (1965), la leçon inaugurale au Collège de France (1967, la parution du *Hasard et la nécessité* (1970), suscitèrent de très nombreuses interviews obligeant Jacques Monod à confier le fond de sa pensée. Comme il est impossible de les évoquer toutes, je me limiterai ici aux plus révélatrices.

Un « Face à face » avec Pierre-Henri Simon, organisé par Pierre Thuillier, fut publié dans *« Atomes »* (septembre 1969).

— « Si je vous comprends bien, commence P.-H. Simon (qui vient de publier au "Seuil", *Questions aux savants*), il y a dans le discours actuel des sciences biologiques une sorte de commencement absolu, l'ADN, qui donne l'explication, mécanique en somme, de l'hérédité. Mais ce texte chimique de l'ADN est un produit du hasard... »

J. M. — « Oui. Le hasard est dans la structure de l'ADN, la nécessité est dans la sélection au niveau des organismes. »

P.-H. S. — « Si j'ai parlé d'une théogonie du hasard, c'est que l'explication par le hasard suppose une sorte de saut métaphysique, analogue à l'explication par une volonté providentielle. »

J. M. — « Il y a une évidence scientifique dans les mutations au hasard à l'origine de l'évolution. En revanche, je n'irai pas aussi loin en ce qui concerne l'origine de la vie. Le problème est d'une difficulté extraordinaire, parce qu'il s'agit de raisonner sur des structures primitives que nous ne connaissons pas, celles des premiers systèmes capables d'auto-reproduction, donc de sélection ».

P.-H. S. — « Ma défiance à l'égard du hasard, comme cause de l'être, n'est pas de nature théologique, elle est d'ordre logique (...) Pour moi, qui pars non de l'expérience du laboratoire, mais de mon expérience d'homme, de moraliste, d'esprit qui essaie de réfléchir, la difficulté énorme que je rencontre, ce n'est pas tant le passage du monde physico-chimique au monde biologique, ce n'est pas ce changement énorme qui aujourd'hui paraît bien s'expliquer dans le sens d'une continuité, mais le passage à l'esprit. Voilà ce qui me surprend le plus (...) Immense point d'interrogation que cela pose : un univers, au point de départ duquel il n'y a pas de sens, et une évolution qui aboutit non pas tellement à un sens, mais à un être qui à l'exigence du sens ».

J. M. — « Je voudrais dissiper un éventuel malentendu : le hasard n'est jamais une explication, il est une donnée, ce qui est tout à fait différent ».

P.-H. S. — « Il reste que l'aventure intellectuelle de l'homme aboutit à cette tête qui a une pensée, et une pensée dont certaines motivations — que vous accepterez que j'appelle supérieures — se détachent des nécessités de la vie. Et c'est là qu'apparaît la transcendance... »

(Jean Thuillier intervient pour demander à Monod d'exposer sa conception selon laquelle les idées peuvent se transmettre comme des êtres autonomes).

J. M. — « Reconnaître l'existence d'un univers abstrait, l'univers des idées, me paraît une évidence éclatante : un logarithme, ça existe. Ce verbe exister n'a pas le même sens, bien entendu, pour le logarithme que pour un individu. J'ai précisé qu'on pouvait concevoir pour les idées deux niveaux de sélection et par conséquent de pression d'évolution : ce sont la capacité d'invasion et la capacité de performance. La capacité d'invasion est étroitement liée à la structure préétablie de notre cerveau. Il y a des idées faciles à comprendre et d'autres difficiles à assimiler (...) Il n'est pas question de dire que les idées ont une évolution autonome indépendante de l'homme, mais il faut leur reconnaître un certain degré d'autonomie ».

P.-H. S. — « Je suis frappé par la permanence des idées qui s'imposent avec force. Par exemple, l'Antigone de Sophocle dit : "Je suis née pour partager l'amour et non pour partager la haine". Je suis moraliste, car je m'intéresse à ces valeurs permanentes et nécessaires, faisant partie d'une vie supérieure qui est au-delà du pur biologique ».

J. M. — (...) « L'amour et la haine existent aussi dans certaines sociétés animales... »

P.-H. S. — (...) « J'ai tendance à croire à une intention de raison et d'amour dans l'univers... »

J. M. — « Je ne pense pas que la valeur et l'importance de ces idées soient rabaissées du fait que je leur attribue des origines biologiques. Je ne vois pas pourquoi il serait nécessaire pour les respecter de les rattacher au cosmos. »

P.-H. S. — « Ce n'est pas au cosmos que je les attribue, c'est à l'être. »

J. M. — « En tant que biologiste, je ne vois quelques intentions d'amour que dans la biosphère. Et, même dans la biosphère, je constate plus de férocité que d'amour. Je crois qu'un Dieu vraiment bien intentionné aurait créé une biosphère moins sauvage que celle que nous connaissons. »

P.-H. S. — (répondant à Pierre Thuillier qui l'interroge au sujet de Teilhard de Chardin) « Je consens à adhérer à Teilhard dans la mesure où il voit la grande aventure cosmique animée d'une intention spirituelle, mais je suis très réticent lorsqu'il semble vouloir donner une évidence scientifique à des conceptions métaphysiques ou poétiques, qui ont peu de rapport avec la théologie chrétienne et aucun avec la science. »

J. M. — « Je suis, pour ma part, plus sévère encore pour Teilhard. Son approche scientifique est à mon avis dénuée de valeur et sa logique interne est faible... »

P.-H. S. — (...) « Si l'on fait de la connaissance objective l'absolu, comme les savants nous y invitent, que va devenir le monde de la subjectivité et ce qui s'y crée ? »

J. M. — « Je n'ai pas dit que la connaissance objective supprimait les autres valeurs ».

P. T. — « Vous dites que la science nous montre que l'homme n'a aucune importance dans l'univers. »

J. M. — « Pourquoi l'homme veut-il tenir son importance de l'univers entier et pas seulement de lui-même ? Pourquoi faut-il absolument que cela vienne d'ailleurs ? Je lui rends ce qui n'appartient qu'à lui. »

P.-H. S. — « Cela ne lui vient pas d'ailleurs, cela lui vient de sa relation au Tout ».

J. M. — « Mais sa relation au Tout la plus efficace, la plus certaine, c'est la connaissance objective ».

P.-H. S. — « Je pense que la science doit dissiper les illusions de la conscience, mais que la conscience doit fournir les valeurs morales. »

J. M. — « J'ai autant de respect que vous, P.-H. Simon, pour les valeurs sur lesquelles vous portez l'accent... Il y a une éthique à la base de la science. Que la science comporte une éthique est généralement ignoré, pour moi la science est d'abord une attitude morale. »

P.-H. S. — « J'en suis bien d'accord. Comme vous le disiez dans votre leçon inaugurale, on ne peut attendre de la science qu'elle dicte des valeurs morales, mais la soumission à la connaissance objective constitue une éthique, exige des vertus... Ceci pose la question d'un humanisme scientifique, qui s'oppose à la conception de Michel Foucault, selon lequel les sciences humaines ont une tendance anti-humaniste. »

(Pierre-Henri Simon évoque alors le « structuralisme »).

J. M. — « Le structuralisme, je ne sais pas ce que c'est. »

P.-H. S. — « L'analyse structurale, nous voyons à peu près ce que c'est ».

J. M. — « Non ».

P.-H. S. — « Alors, si vous-même ne voyez pas ce que c'est... »

J. M. — « Je ne vois pas ce que c'est, à moins que ce soit une notion parfaitement banale, qui consiste à reconnaître qu'une analyse d'ordre scientifique aboutit à une description plus ou moins abstraite des objets, ou plutôt de la structure de leurs relations. Si c'est cela, cela n'a aucun intérêt, et si ce n'est pas cela, je ne sais pas ce que c'est. »

P.-H. S. — « Personnellement, je ne conteste pas l'importance de la notion de structure, ni en esthétique, ni en éthique, ni en politique, et je comprends que les sociologues et les linguistes l'utilisent. Mais le structuralisme implique une priorité donnée à la structure et je redoute qu'une autre notion, celle d'élan, s'en trouve éliminée... »

Le *Nouvel Observateur* du 2 novembre 1970, publie une interview de Monod par Pierre Bénichou, en voici l'essentiel :

P. B. — « Vous êtes un savant qui avez voulu faire un livre de philosophie ».

J. M. — « Oui, je sais, la tradition consiste à considérer les savants comme de pauvres philosophes (...) Mais que voulez-vous, lorsque je constate que le code génétique est le même chez une bactérie et chez l'homme, comment ne pas réfléchir sur soi-même ? (...) C'est un besoin de cohérence qui m'a poussé à écrire ce petit essai. (...) Comment un univers, non finaliste par postulat, a-t-il pu accoucher de systèmes qui, par leur structure même sont finalisés, agissant en vue de... »

P. B. (l'interrompant) — « Y a-t-il un véritable paradoxe ? »

J. M. — « Pour l'homme de science, oui. Le postulat de base de la méthode scientifique, c'est le postulat d'objectivité. L'existence des êtres vivants paraît violer ce postulat, à moins que la science puisse expliquer l'apparition et l'évolution de la vie en excluant tout finalisme. » (...)

P. B.— « Le prix Nobel a-t-il changé quelque chose à votre vie ? »

J. M. — « Cela a apporté surtout une perturbation profonde dans mon travail scientifique. D'ailleurs des études sociologiques ont montré chez les Nobel une baisse importante de productivité après le prix. »

P. B. — « Il faudrait donc le supprimer ? »

J. M. — « J'ai toujours pensé que le Nobel était plus malfaisant qu'utile à l'intérieur de la communauté scientifique, mais étant décerné avec une honnêteté exemplaire par le comité Nobel, il est très important pour faire connaître au public et aux politiques les progrès de la recherche fondamentale... »

Le *New-York Times* du 8 novembre 1971 contenait une interview (en anglais) de Jacques Monod par David Schneiderman.

Après avoir rappelé que l'homme est le fruit du hasard des mutations et de la sélection *a posteriori* par l'évolution, Monod conclut que ses chances d'exister étaient au départ extrêmement réduites :

— « Je ne vois pas d'autre conclusion possible, ajoute-t-il, à moins de recourir à une explication religieuse. Et il confie : si je me psychanalyse, je suis une mixture d'existentialisme et de puritanisme intellectuel. »

— « Jean-Paul Sartre serait-il d'accord avec vous ? »

— « Je pense que Sartre serait d'accord avec mes conclusions éthiques, elles sont conformes à ce que l'on définit comme attitude existentialiste. »

— « Pensez-vous que cela réponde au malaise de la société occidentale ? »

— « C'est une réponse logique, ce qui ne veut pas dire qu'elle soit psychologiquement acceptable. On parle beaucoup depuis Rousseau des droits naturels de l'homme, mais en quoi sont-ils naturels ? Il en est de même pour la croyance religieuse : je n'attaque pas la culture chrétienne et les valeurs morales qui y sont attachées, amour, créativité, respect de la liberté et de la dignité. Nous voulons sauvegarder ces valeurs. C'est le doute actuel sur leurs bases mythiques et métaphysiques qui est à l'origine du mal de l'âme moderne. La seule façon de préserver ces valeurs serait de leur trouver quelque autre fondation. Tout système global qui prétend détenir la signification de la vie et de l'humanité, comme le marxisme, expose au même danger. »

— « Que de Gaulle aurait-il pensé de votre thèse ? »

— « Je pense qu'elle lui aurait parue inacceptable. C'était un homme du XVIIe siècle. Toute son action politique était fondée sur des concepts mythologiques de nation et non sur l'homme comme individu. Pour lui, il fallait servir les institutions et les nations, l'homme n'était qu'un passant au service des institutions. »

Une dernière interview, celle menée par Jacques Chancel (*Radioscopie* du 18 novembre 1970), mérite aussi d'être évoquée :

J. C. — « Le secret de la vie va nous être révélé. Lorsque nous connaîtrons ce secret, aurons-nous des raisons d'être tristes ? »

J. M. — « Je ne crois pas que ce soit triste, pas plus que je ne comprends pas pour quelles raisons on a considéré ma leçon inaugurale, faite au Collège de France il y a trois ans, comme une espèce de déclaration de guerre. »

J. C. — « Et pour vous en expliquer, vous avez écrit un livre. Vous démystifiez beaucoup de choses et vous agacez beaucoup de gens. »

J. M. — « Les malentendus ou les dénégations proviennent surtout des dix dernières pages, dans lesquelles j'essaie de trouver le joint entre la connaissance et les valeurs. Les philosophies traditionnelles et les religions ne font pas de distinction fondamentale entre ce qui est du domaine de la connaissance et ce qui est du domaine des valeurs. À cause du postulat d'objectivité, la science est obligée de faire une distinction radicale. Se pose alors un problème grave : nous sommes des êtres de connaissance, mais aussi des êtres affectés d'intentions morales. Y a-t-il vraiment deux personnes distinctes, deux esprits, deux champs totalement distincts ? Ce que j'ai cherché, ce n'est pas une interprétation historique ou psychologique de la relation science-valeurs, plutôt une articulation logique, celle qui découle du postulat d'objectivité. »

J. C. — « Vous avez pris tous vos risques, Jacques Monod. Vous étiez communiste pendant la Résistance. Vous étiez contestataire avant 68, pendant et après ! »

J. M. — « Doublement contestataire. En 68, je contestais l'Université, comme je le faisais ouvertement depuis longtemps. Je contestais aussi les contestataires, ce qui fait que je n'ai pas le bon œil ni d'un côté ni de l'autre. »

J. C. — « Publier un livre, est-ce aussi un risque ? »

J. M. — « Les hommes se posent aujourd'hui des questions sur la condition humaine, ils découvrent que l'homme est seul. Savez-vous qui a découvert cette situation et l'a décrite mieux que quiconque ? Ce ne sont pas des hommes de science, mais des artistes — à commencer par Nietzsche — qui est à mon avis le premier des existentialistes, la source de l'existentialisme moderne... Il y a Sartre, bien entendu, mais je mets Camus beaucoup plus haut comme artiste et même comme penseur. »

J. C.— « Vous le citez d'ailleurs dans votre livre. »

J. M. — « Cette citation, c'est la clé de mon livre, et les critiques, ou lecteurs, qui s'interrogent sur le sens des dix dernières pages, devraient se reporter à l'épigraphe, à la citation de Camus : "Persuadé de l'origine toute humaine de tout ce qui est humain, aveugle qui désire voir et qui sait que la nuit n'a pas de fin, Sisyphe est toujours en marche, le rocher roule encore et le laisse au bas de la montagne." On retrouve toujours son fardeau, mais Sisyphe enseigne la fidélité supérieure qui est, à mon sens, l'ascèse du postulat d'objectivité, qui nie les dieux et soulève les rochers. Il juge que tout est bien. Un univers désormais sans maître ne lui paraît ni stérile ni futile — à moi non plus (...) J'ai commis l'erreur de mettre ces phrases en exergue, sans doute beaucoup ne les lisent pas. S'il y a une réédition, je les placerai avant le dernier paragraphe du livre. »

J. C. — « Avant que la vie apparaisse sur terre, quelle était la probabilité pour qu'elle soit ce qu'elle est ? »

J. M. — « On ne peut pas répondre. Nous avons une tendance à penser que ce qui existe devait forcément exister. C'est ce que Hegel appelait le "réel irrationnel". Il entendait par là que tout ce qui est réel doit pouvoir s'expliquer dès le départ : si nous sommes là, c'est qu'il y a de bonnes raisons pour cela ! Or rien ne justifie cette attitude (...) L'hypothèse que la vie ne serait apparue qu'une seule fois, et justement sur la Terre, n'est absolument pas exclue. En ce cas, sa probabilité d'apparition était pratiquement nulle. »

J. C.— « Vous écrivez : “L’homme sait enfin qu’il est seul dans l’immensité indifférente de l’univers, d’où il a émergé par hasard. Non plus que son destin, son devoir n’est écrit nulle part...” »

J. M. — « Cette déclaration n’a rien de très original. Nietzsche disait quelque chose dans ce genre là, les existentialistes le disent, Camus l’a dit... » (...)

J. C. — « Pourriez-vous, Jacques Monod, sortir de votre domaine et écrire un roman ? »

J. M. — « Un roman, sûrement pas ! »

J. C. — « Vous avez pourtant le goût de l’écriture... »

J. M. — « J’aimerais peut-être écrire un conte philosophique, une pièce de théâtre, pourquoi pas ? Un roman, c’est trop difficile » (...)

J. C. — « Résumons. L’homme ne serait-il qu’un accident de parcours ? »

J. M. — « Non, Monsieur. L’homme ne saurait être un simple accident de parcours, pour une raison très simple : il n’y a pas de parcours. »

J. C. — « Les croyants, les bien-pensants, les libres penseurs doivent vous reprocher ce livre ? »

J. M. — « Je ne sais pas ce qu’on appelle la libre pensée, ni ce que les libres penseurs pensent de mon ouvrage... probablement du mal. Ce sont des gens qui essaient de s’inspirer d’une nouvelle alliance entre l’homme et la nature (...) Toutes les religions sont fondées sur une idée de ce genre. L’on attribue à Dieu, ou à des dieux, une intention faisant de l’homme un produit voulu et nécessaire (...). »

J. C. — « Encore une question pour terminer : l’avenir est-il aux scientifiques ? »

J. M. — « Pas aux scientifiques, mais à l’attitude morale qui est celle de la science... On y trouve la même proportion de gens de valeur, d'imbéciles et de grands esprits que dans les autres catégories. Mais, il y a la science — qui les domine — ou plus exactement la connaissance. L'avenir, s'il y en a un, est dans l'attitude qu'elle créera. »

* *
*

CORRESPONDANCE

Dans les mois qui suivirent la sortie de son ouvrage, Monod reçut un abondant courrier.

Ambroise Monod, un neveu, Secrétaire général de la revue, *Christianisme social*, lui écrit le 21 avril 1971 :

« Oncle Jacques, tu trouveras ci-joint une réaction de Henri Friedel sur *Le hasard et la nécessité.* Si tu pensais devoir réagir à ce papier, qui paraîtra dans le numéro qui sera "bouclé" le 10 mai, tu peux le faire dans ces délais... ».

Réponse de Jacques (4 mai 1971), dont on appréciera la hauteur et le mordant :

« Mon cher Ambroise, je te remercie de m'avoir envoyé le texte que tu comptes publier dans le *Christianisme social.* Je suis un peu surpris en revanche que tu me demandes d'y répondre. Comment pourrais-je répondre à un article qui après un début paraissant un peu sérieux, sinon compétent, prend ensuite un ton polémique extrêmement désagréable, pour se terminer par des attaques *ad hominem* qui me paraissent peu dignes d'un périodique qui se dit chrétien.

Que penses-tu pour ta part de "ce Jacques Monod qui serait resté un homme du XIXe siècle, dans le style des positivistes, des bourgeois radicaux, ou des francs-maçons, bref de ceux qui ont un cœur à gauche pour les valeurs intérieures et un portefeuille à droite pour les valeurs boursières ?”. À de telles bassesses, on ne répond pas (...) L'auteur de l'article ne semble même pas avoir compris l'essentiel de la théorie néo-darwinienne : ce qui compte dans l'évolution — s'il ne le sait pas, je le lui apprends — c'est la sélection intra-spécifique et non la lutte entre les espèces.

« Ceci dit, cet article n'est pas véritablement plus mauvais que beaucoup d'autres, qui ont paru dans la presse. Il vaut bien par exemple les commentaires du Père Leroy, qualifié grand biologiste par l'auteur de ton article, alors que son seul titre internationalement reconnu est une énorme bourde. Aussi, je ne vois pas pourquoi tu ne le publierais pas. Mais je me permets d'insister en ce cas, pour que la phrase révélatrice des véritables intentions de l'auteur (la phrase sur le portefeuille) ne soit en tout cas pas coupée. Elle situe trop clairement le niveau et l'intention pour que l'article, si on l'enlevait, n'en soit dénaturé... ».

Après avoir lu *Le hasard et la nécessité*, un professeur de lettres retraité, D. Bellenand, adresse à Jacques Monod trois lettres successives pleines d'admiration. Il a fait précéder la première (25 novembre 1970) d'une citation de Bossuet : « Le plus grand dérèglement de l'esprit est de croire aux choses parce que l'on veut qu'elles soient. » Comme Monod, il considère que « Point n'est besoin de croire en une vie éternelle pour mener une vie terrestre riche d'idéal et exempte de désespoir. ». Mais voici qu'en janvier 1973, il écrit une nouvelle lettre, troublé dans sa confiance et son admiration par l'article d'un journaliste relatant : « la jubilation du Pr P.-P. Grassé, apprenant que H. M. Temin venait d'établir que, dans le choléra des poules, l'ARN du virus s'insérait dans l'ADN de l'hôte ». Déconcerté, il demande à Monod, qui tenait la chose pour impossible, ce qu'il faut en penser...

Celui-ci, souffrant, fait répondre par son « chef de cabinet », Simone Nourry (17 janvier 1973) : « M. Monod a lu avec intérêt votre lettre du 10 janvier et, ne pouvant vous écrire personnellement, m'a fourni les éléments de réponse à vos questions : « Il peut y avoir "transcription reverse", c'est-à-dire copie d'une molécule RNA en DNA. Ce mécanisme intervient notamment dans la multiplication de certains virus et avait été envisagé sur le plan théorique depuis longtemps. Toutefois, et en tout état de cause, si l'existence de ce mécanisme rend compte de la multiplication de certains virus, et si l'on peut envisager qu'il intervienne dans certains processus de dédifférenciation cellulaire, il ne met aucunement en cause le principe fondamental, selon lequel aucune information spécifique ne passe, ou ne peut passer, d'une protéine à un acide nucléique. L'usage qui a été fait de cette découverte par certains, tels Jean Piaget ou Pierre-Paul Grassé, comme pouvant faire renaître de ses cendres l'hypothèse d'une transmission héréditaire des caractères acquis, prouve surtout l'incompétence ou l'ignorance de ceux qui croient pouvoir tirer pareille conclusion. Temin, d'ailleurs, non plus que Baltimore (qui a fait la même découverte simultanément et indépendamment), n'en ont jamais donné une telle interprétation. »

Nous apprenons ainsi que les rétro-transcriptions de l'ARN ne modifient pas les convictions de Monod concernant l'unilatéralité des relations ADN-protéines.

Abordons maintenant le courrier échangé avec trois personnalités : Althusser, Fabre-Luce et Abragam.

L. Althusser, au cours d'un de ses séminaires en décembre 1967, avait commenté les idées exprimées dans la leçon inaugurale de Monod au Collège de France. Il y décelait « une contradiction entre le matérialisme scientifique et un idéalisme extra-scientifique ». Par ailleurs, s'appuyant sur le fait que Monod avait emprunté à Teilhard de Chardin le terme de « noosphère », il discernait dans l'éthique de la connaissance une tendance idéaliste qui se ramenait à « une histoire de la connaissance ».

J. Monod écrit à J. Althusser (30 janvier 1968) pour contester énergiquement d'avoir voulu fonder une « théorie biologique de l'histoire de la connaissance ». Il refuse aussi d'être assimilé à Teilhard « qui a fini par abandonner la connaissance objective pour une conception mystique de l'énergie ascendante ».

Malgré les éloges que le philosophe marxiste lui a publiquement adressés, en vantant « l'honnêteté intellectuelle hors pair et la noblesse de la position du biologiste », l'estime n'est manifestement pas réciproque. Monod a horreur des idéologies déconnectées d'avec la réalité. Il proposera même quelques années plus tard (en septembre 1973), au journal *Le Monde*, une sévère critique du livre, intitulé « Réponse à John Lewis », qu'Althusser vient de publier. C'est une terrible attaque, qui se termine ainsi : « Parlons franc, ce discours insignifiant, haché d'italiques, de guillemets, de majuscules et de citations de l'Écriture, ne me paraît pas seulement ridicule. Quand il s'adresse, fût-ce implicitement, aux morts d'hier et aux prisons d'aujourd'hui, je n'y vois qu'une odieuse cuistrerie. Oui, ce livre est révélateur, non par son contenu, car il est vide, sauf de poncifs et de parenthèses, mais par l'audience qu'il a, semble-t-il, trouvée. »

Le *Monde* n'a pas publié cette diatribe, en raison j'imagine de son ton excessif, mais aussi parce que J. Monod voulait seulement la signer : J.M.G., initiales de « James McGregor », nom dérivé du patronyme maternel dont il usait volontiers pour des auto-citations déguisées.

La correspondance avec Alfred Fabre-Luce est plus sereine. Monod, en réponse à ses commentaires, lui écrit (1er octobre 1969) : « ... Les vingt lignes que j'ai consacrées dans ma leçon inaugurale à l'éthique de la connaissance ont provoqué de nombreux malentendus dont je me sens responsable : il ne m'est jamais venu à l'esprit de vouloir supprimer toute autre valeur, pour ne vouloir connaître que la connaissance objective, mais de faire de celle-ci la mesure et la référence des autres valeurs. ».

Le Pr Abragam avait adressé à Jacques Monod, le 29 mai 1973, le texte de l'allocution qu'il avait prononcée à l'occasion du centenaire de la Société de Physique, intitulée : « La physique pour quoi faire ? », dans laquelle il mentionnait *Le hasard et la nécessité.* Citons-en quelques passages :

« Sans doute, les humains ne sont pas que des êtres pensants, ils ont d'autres activités que celles du cerveau, et le cerveau lui-même est le siège de bien d'autres activités que celle de la connaissance scientifique. Mais enfin, nous aurons beau faire, nous ne serons jamais aussi forts qu'un cheval, aussi affectueux qu'un chien, aussi passionnés qu'un babouin. (...) Si nous sommes plus que des mollusques, des rats ou des bovins, c'est grâce à notre raison, dont la connaissance scientifique est la forme la moins imparfaite. Si penser cela est une manifestation de cette dangereuse déviation que certains appellent "scientisme", et bien tant pis pour moi, je serai scientiste. Dans son beau livre, *Le hasard et la nécessité*, Jacques Monod fonde une éthique et une morale sur la connaissance scientifique. Mes propres idées sur ces problèmes sont loin de constituer un schéma aussi cohérent et aussi ambitieux, ce sont presque plus des sentiments que des idées, mais qui côtoient certains des thèmes de Monod (...) Il est bon dans ce marécage de la vie moderne qu'il y ait une parcelle solide de terre ferme sur laquelle on puisse prendre appui, une vérité. »

Monod lui écrit (11 septembre 1973) : « Mon cher collègue, j'ai lu et relu avec enchantement et admiration votre texte. Vous avez su dire ce qu'il fallait dire, avec un savant dosage de précision et d'ironie qui lui donne toute son efficacité. »

Jacques Monod a laissé sans réponse la majeure partie du courrier reçu après la publication du *Hasard et la nécessité.* Il a tenu toutefois à répondre à quelques humbles correspondants. Ainsi, il prend la peine d'écrire le 12 octobre 1971, à Sylvie Convain, une lycéenne qui lui demande (pour sa classe de première), ce que pour lui représente la philosophie :

« La philosophie, écrit-il, n'est pas pour moi une discipline distincte. Elle est une attitude d'esprit, de l'esprit qui s'interroge sur la nature de la connaissance, comme sur les ressorts, les causes et les justifications de l'action. Il n'y a d'ailleurs pas de problèmes purement philosophiques, au sens où il peut y avoir des problèmes physiques, chimiques, ou biologiques. Les seuls véritables problèmes de la philosophie sont ceux qui surgissent de l'activité de l'homme construisant la connaissance et la société. La philosophie, en définitive, prend sa source dans l'inquiétude de l'homme qui s'interroge sur sa relation aux autres et à l'Univers ».

Il répond aussi à un vieux camarade de classe (Max Daufresne) qui, en 1974, lui écrit d'une écriture tremblée sur une carte de visite : « La lecture difficile pour moi du *Hasard et la nécessité* et les attaches que j'ai conservées à Cannes, me posent un problème : seriez-vous l'élève du Collège de Cannes que j'ai connu en première ? Je me souviens de sorties au "Pezou", avec rendez-vous chez un certain Monod, qui nettoyait son chien dans un baquet à notre arrivée. Que d'années et de réussites ! ».

Réponse de Monod (14 février 1974) : « Mon cher ami, oui je suis bien votre condisciple du Collège de Cannes et les souvenirs que vous évoquez sont aussi mes souvenirs. Les années ont passé. Je retourne de temps en temps à Cannes en compagnie de mon chien... qui n'est plus celui des années 20, mais tout aussi affectueux et attachant... ».

* *
*

CE QUE PENSE JACQUES MONOD DES COMMENTAIRES SUR SON LIVRE

Un texte de Jacques Monod a été publié au lendemain de sa mort dans le numéro 1 de *Prospectives et Santé*, (printemps 1977), sous le titre : « *Notes de bas de page.* » Il provenait d'un exposé qu'il avait fait en 1973 devant la Société Médicale de l'OMS, un club scientifique animé par un chirurgien canadien, le Dr Gunn.

Monod, qui se dit étonné par le succès remporté par *Le hasard et la nécessité*, reprend les principales critiques suscitées par son livre. Il confirme son attachement au postulat d'objectivité qui est à l'origine de tous les progrès de la science. Il constate que le sens qu'il avait donné aux mots, objectivité, connaissance objective, avait été souvent mal compris. Il précise donc : « Pour moi, la connaissance objective est une connaissance qui ne viole pas le principe d'objectivité, selon lequel les interprétations de l'univers données en terme de cause finale ne sont pas acceptables pour la construction de la connaissance ».

Une autre incompréhension habituelle concerne la notion de *hasard*. Monod écrit : « Le malentendu le plus fréquent émane de gens, quelquefois philosophes de valeur, qui pensent encore que dans la science le recours à la notion de hasard, ou d'incertitude fondamentale, est en réalité une manifestation d'ignorance. Si on parle de hasard dans un phénomène, c'est la preuve qu'on ne sait pas le contrôler, ou qu'on n'en comprend par la source ». Le hasard, en fait, n'est pas une explication, mais une donnée. Si la paléontologie révèle souvent une « orthogenèse », c'est-à-dire une évolution dirigée dans un même sens, ce qui peut sembler incompatible avec l'action du hasard, c'est que l'on ne songe qu'à la sélection par l'environnement, alors que la sélection s'opère d'abord au sein de l'organisme. Pour être viable, une mutation doit être avant tout compatible avec le fonctionnement des structures internes : « il ne peut y avoir d'évolution, écrit-il, que dans le sens où l'espèce s'est déjà engagée, c'est pourquoi toute évolution est nécessairement orthogénétique ».

Ce qu'en fait les lecteurs ont le moins bien accepté, c'est la contingence de la vie. « On ne sait, écrit-il, s'il faut déplorer ou admirer l'inlassable et héroïque effort de l'humanité niant désespérément sa propre contingence. Les hommes ont un tel besoin de croire que ce qui existe était nécessaire, et que l'émergence du vivant devait inéluctablement culminer dans l'espèce humaine. La conception selon laquelle l'apparition toute récente de l'espèce humaine et celle de la vie sur notre planète constituent des accidents improbables, qui avaient très peu de chances de se produire, leur paraît insupportable. La naissance spontanée de la vie ne s'est pourtant jamais reproduite depuis les origines et demeure un événement unique ».

Un autre concept mal compris, observe-t-il enfin, est celui d'éthique de la connaissance. On le sent toutefois moins assuré à ce sujet. Il pense qu'il faut renverser les termes habituels du dilemme : « Le système de valeurs ne peut pas reposer sur une connaissance, c'est l'inverse qui est vrai, la connaissance doit se fonder sur l'objectivité, seule valeur qui ait fait ses preuves en matière scientifique. Mais il n'a jamais été question dans mon esprit de fonder un système de valeurs sur le seul postulat d'objectivité, pas plus que la science ne résulte de ce seul postulat. Ce qui importe c'est que ce système de valeurs ne soit pas en contradiction avec le postulat ».

Ces notes datent de 1973, c'est-à-dire trois ans après la parution de son essai et trois ans avant sa mort. Elles confirment les positions de Jacques Monod face aux critiques, sans apporter toutefois de données nouvelles. Elles témoignent de sa confiance persistante en l'objectivité qu'il voudrait concilier avec ses aspirations éthiques. Certains verront dans cette persévérance une marque d'entêtement, voire de suffisance, ou bien l'expression de contradictions insolubles. J'y vois, pour ma part, une ardente aspiration à la cohérence, une héroïque tentative pour y parvenir, rappelant celle de Sisyphe.

Deux ***préfaces*** lui permettent de revenir sur les idées qui lui sont chères :

La première est consacrée à *La logique de la découverte scien-*

tifique, de Karl Popper (1973). Elle lui fournit l'occasion de commenter les critères de connaissance objective. Il adhère totalement à la conception de Popper : la connaissance scientifique progresse par élimination des erreurs et n'ont de valeur scientifique que les théories susceptibles d'être réfutées. Monod se sent, par ailleurs, très proche de l'homme qui dénonça les systèmes totalitaires dans *La société ouverte et ses ennemis,* comme lui-même l'avait fait au moment de l'affaire Lyssenko.

La seconde préface à un ouvrage d'Ernst Mayr : *Populations, Espèces et Évolution* (« *Boston studies in the philosophy of sciences* », août 1973) lui offre l'opportunité de revenir sur le mécanisme de l'Évolution auquel il ne cesse de réfléchir. Il écrit :

« La découverte des lois de l'hérédité, la génétique des populations, la biologie moléculaire, ont apporté indépendamment et de façon complémentaire des confirmations éclatantes et assuré des bases expérimentales et des interprétations physiques à la théorie darwinienne. La *théorie synthétique* actuelle qui en résulte, dont Mayr est un des principaux défenseurs, englobe mutationnisme et néo-darwinisme[1]. L'unité de transmission héréditaire est le gène, qui est aussi l'unité de novation par mutation. La sélection au niveau de l'individu n'est opératoire que dans la mesure où elle accroît la transmission de son génome. Ce qui évolue n'est donc, ni le gène, ni même l'individu, mais le stock génétique de l'espèce. (...) L'évolution n'est pas celle du prévu, mais du possible. Toute innovation doit être compatible avec le déjà accepté ».

Il ajoute : « Aucune conception scientifique n'a été plus âprement combattue et n'a suscité autant de réticences et de répugnance, car la théorie sélective paraît à bien des yeux porter atteinte à la dignité de l'homme et nier son destin. Elle est accueillie avec d'extrêmes réserves par beaucoup d'hommes de

1. Elle intègre également la génétique des populations.

science, qui la considèrent comme insuffisante pour expliquer la richesse, la complexité et la créativité de l'évolution de la vie sur terre ».

On remarque que Monod se montre ici plus nuancé que dans *Le hasard et la nécessité* : il ne considère plus la théorie synthétique de l'Évolution comme suffisante, définitive, et quasi inattaquable. « Cette théorie, écrit-il, souffre encore de graves lacunes, dont certaines ne seront peut-être jamais comblées ; la théorie étant inaccessible à toute observation directe, telle celle de la naissance d'une espèce nouvelle, les filiations ne peuvent être qu'inférées et reconstruites ».

*   *
*

CE QUE JE PENSE DE LA PHILOSOPHIE DE JACQUES MONOD

Après avoir rapporté les avis d'un grand nombre de critiques, qu'il me soit permis d'intervenir à mon tour pour commenter *Le hasard et la nécessité*. Étant biologiste[1], j'ai eu maintes occasions de réfléchir aux thèmes développés dans cet ouvrage. Je vais en reprendre ici les principaux.

1.– « L'Univers n'était pas gros de la vie, ni la biosphère de l'homme. »

Il est certain qu'aucune génération spontanée, aucune structure vivante entièrement neuve, n'ont été observées depuis que

1. J'ai publié en 1987 un ouvrage intitulé *L'énigme du Vivant* (Buchet-Chastel).

l'homme — ce passager de la dernière heure — a émergé de la préhistoire, mais cette période d'observation est extrêmement courte.

De l'incapacité à expliquer l'apparition de la première cellule, Monod en conclut que « les chances d'apparition de la vie sur terre étaient au départ quasi nulles. Si elle venait à disparaître, elle n'aurait aucune chance de recommencer ». Mais ne confondons pas ignorance et impossibilité. La question se résume à savoir s'il existe de la vie ailleurs que sur Terre. On ne peut espérer la réponse des systèmes planétaires existant sans doute autour d'autres étoiles (qui se comptent par milliards de milliards), car ils seront toujours hors de portée, bien trop lointains pour être visités. Mais Mars, notre voisine, pourrait nous instruire. Cette planète a sans doute hébergé une vie rudimentaire il y a trois milliards et demi d'années, au temps où elle possédait encore de l'eau et une atmosphère. Une expédition vers Mars est déjà programmée pour le début du prochain millénaire. Si dans les roches qu'on espère ramener, on trouvait des traces d'organismes élémentaires, la question serait réglée : il deviendrait impossible de parler d'un accident unique et improbable.

2.– « Toutes les religions, presque toutes les philosophies, une partie même de la science, témoignent de l'inlassable et héroïque effort de l'humanité niant désespérément sa propre contingence ».

Ils sont peu nombreux, en effet, ceux qui parviennent à supporter l'idée que leur existence devra prendre fin. C'est que « le besoin de transcendance reste inscrit dans la nature humaine », comme le dit Jean Caillaud (*L'ordinateur dans la cathédrale,* Éd. Frison-Roche, 1996). L'homme a dû, cependant, abandonner l'une après l'autre ses anciennes croyances : il sait maintenant que la Terre tourne autour du Soleil, que le Soleil n'est qu'une étoile marginale dans la voie lactée, et que celle-ci n'est qu'une galaxie parmi des milliards. Il vient d'apprendre qu'il partage avec l'ensemble des mondes végétal et animal les mêmes briques constitutives et le même code génétique. Il ne peut plus croire qu'il est le centre de la Création et son narcissisme en souffre. Néanmoins, il rêve encore d'une destinée à part. Il croit (ou voudrait croire) que notre espèce, seule parmi des millions, dispose d'un privilège exorbitant : le droit à une survie individuelle, voire même à la résurrection de la chair ! Cette espérance en une vie éternelle, forme sublimée de l'instinct de conservation, lui fait oublier que chaque génération a pour mission de transmettre les gènes reçus et que la mort des individus est nécessaire à l'éternelle jeunesse de l'espèce.

Certes, il n'est ni plaisant, ni facile, d'accepter cette condition de mortel. À une correspondante qui s'en affligeait, Monod répondit : « No future ! Bien sûr, c'est triste, mais c'est comme ça, il faut s'y faire. »

Bien qu'il fût issu d'une grande famille protestante, comptant de nombreux pasteurs, Jacques Monod rejetait toute forme d'animisme religieux. Nulle part dans son ouvrage, Dieu n'est mentionné.[1] La plupart des scientifiques sont comme lui agnostiques. Je constate, pour ma part, que les diverses « Révélations » ne répondent pas aux interrogations essentielles, en particulier aux questions que voici :

– Si l'homme constituait dès le départ le but de la création, pourquoi une si prodigieuse quantité d'espèces végétales et animales qui se comptent par millions ? Un couple de chaque espèce n'aurait jamais pu trouver place dans l'Arche de Noé.[2] Aucune mention n'est faire dans la Genèse de la création des « unicellulaires » ; ils furent pourtant les seuls à peupler la Terre pendant près de trois milliards d'années. Certes, les hommes de l'ancien temps ne pouvaient en soupçonner l'existence, mais Dieu — Lui — ne pouvait les ignorer...

---

1. Il n'est mentionné qu'une seule fois dans un de ses petits carnets, en novembre 1956 : « Dieu est la seule hypothèse que par essence la science ne puisse formuler ».

2. Au temps d'Aristote, on ne connaissait que 400 espèces.

– Pourquoi l'animal se nourrit-il du végétal et pourquoi certaines espèces animales s'entre-dévorent ? Que signifie cette autophagie du Vivant ? Tout se passe sur Terre, comme si seule comptait la prolifération globale de la vie. Mais à quoi bon ! Nous savons que la vie terrestre a déjà failli périr au Permien (il y a 250 millions d'années), et qu'elle s'éteindra inéluctablement dans 5 milliards d'années, consumée par le Soleil devenu une « géante rouge » (lorsque son hydrogène se trouvera épuisé).

– Encore deux questions : la vie existe-t-elle ailleurs dans l'Univers, autour d'autres étoiles ? Et, si Dieu a créé le monde, qui l'a créé, Lui ? Comment imaginer qu'on puisse s'auto-créer, ou exister sans commencement ?...

Ce sont les réponses à ces interrogations essentielles qu'on attendrait des Écritures. Nous « révéler » ce que nous ne pouvons savoir, et non ce qu'à l'époque nous savions (ou pensions savoir). Au lieu de cela, les religions nous entretiennent de nos petites personnes, de nos pensées et de nos actes — comme si les faits et gestes de chacun des milliards d'individus qui vont se succéder sur notre minuscule planète pouvaient avoir une quelconque importance à l'échelle de l'Univers ! En fait, en dehors des sciences qui progressent (en ne traitant que du « comment »), nous en sommes demeurés au même point que Nicolas de Cue en 1440, qui intitulait son traité de philosophie : *De docta Ignorantia*.

Quoi qu'il en soit, *Le hasard et la nécessité* est un ouvrage clairement agnostique. On peut en dire ce que Jean Rostand disait à propos de *L'origine des espèces* : « si ce livre est irreligieux, il ne l'est pas plus que la nature elle-même ».

3.– Le secret de la vie est en grande partie aujourd'hui dévoilé

Il est vrai que la biologie moléculaire a fait un bon prodigieux en révélant l'unité du vivant, en démontant les mécanismes de la croissance et de la reproduction des organismes, mais l'énigme ontologique, celle de l'existence, demeure entière.

Pourquoi l'animé à côté de l'inanimé ? Pourquoi quelque chose plutôt que rien ? En vérité, ni les « animistes », ni les « matérialistes », n'ont réussi à percer, ni même à approcher le véritable secret de la vie. L'origine et le destin du Vivant n'ont pas été élucidés. S'il existe une explication supérieure à ce gigantesque univers, théâtre de fantastiques brassages de matière et d'énergie, elle demeurera probablement toujours hors de notre portée.

En lisant les critiques condescendantes adressées par ceux qui se considèrent comme des « spiritualistes », à l'égard de « matérialistes » comme Monod, on comprend mal le dédain qui leur est témoigné. Certes, on ne les brûle plus comme autrefois, mais on les traite avec mépris de « scientistes », on leur reproche une conception purement « mécanistique » du vivant et de l'homme. Pourtant, comme nous le verrons, personne n'a été plus attaché que Monod aux valeurs morales et humaines. Rappelons ce qu'il avait répondu à Pierre-Henri Simon, qui plaçait les valeurs spirituelles « au-delà du pur biologique » : « Je ne vois pas en quoi la valeur et l'importance de ces valeurs spirituelles sont rabaissées du fait que je leur attribue une origine biologique. Je ne vois pas pourquoi il serait nécessaire pour les respecter de les rattacher au cosmos (...) Pourquoi l'homme veut-il tenir son importance de l'univers entier et pas seulement de lui-même ? Pourquoi faut-il que cela vienne absolument d'ailleurs ? Je lui rends ce qui n'appartient qu'à lui ».

4.– « Ce qui est vrai pour le colibacille est vrai pour l'éléphant »

Cet adage favori de J. Monod exprime *l'unité du vivant* : unité de structure (mêmes acides aminés, mêmes nucléotides) et unité de duplication (même code génétique). Monot eut très tôt la conviction de cette unité, dès les années 50, bien avant que les acquisitions ultérieures aient permis aux biotechnologies de transgresser la barrière de reproduction qui isolait les espèces : il est désormais possible (en culture cellulaire) de marier la carpe et le lapin.

Derrière cette unité de structure, on découvre le *polymorphisme de l'ADN*, inter-espèces et intra-espèces. Il résulte de mutations et autres remaniements plus importants, au sein du pool génique des espèces, il reflète *la diversité du vivant*. Le degré d'homologie des gènes, entre espèces, permet d'estimer leur « distance génétique » et l'ancienneté approximative de leur divergence au cours de l'évolution (véritable archéologie moléculaire). Il est même possible d'étudier le génome de certaines espèces disparues depuis des dizaines de millions d'années, tel l'ADN d'insectes, ou de végétaux fossiles, conservés dans l'ambre.[1]

Certaines protéines ont très peu varié au cours de l'Évolution.[2] Les gènes des hormones et des facteurs de croissance se sont peu modifiés depuis des centaines de millions d'années. L'homologie entre nos gènes et ceux des autres mammifères est saisissante (99 % d'homologie entre l'homme et le chimpanzé !), ce qui doit nous rendre modestes pour ce qui est de notre essence supérieure...

On a pu calculer le taux moyen de mutations par million d'années (horloge biologique de M. Goodman). Il semble constant, indépendant du nombre de générations. Beaucoup de mutations sont neutres et demeurent muettes, touchant en particulier les introns (portions d'ADN non exprimées), ou des pseudogènes, ou bien encore la troisième lettre de codons synonymes. Certaines mutations peuvent être à l'origine de substitution d'acide aminé ne modifiant pas la fonction de la protéine codée. Quelques mutations ont pu être avantageuses. D'autres, sont à l'origine de maladies héréditaires, la plupart ont dû être éliminées par la

---

1. Et même de spores bactériennes trouvées dans le corps d'une abeille fossilisée (M. Borucki et R. Cano, 1995).

2. Ainsi l'histone IV (protéine d'accompagnement de l'ADN) ne diffère que par 2 acides aminés sur 102 chez le pois de senteur et chez le bœuf.

sélection naturelle. Dans l'ensemble, on observe un enrichissement en ADN au cours de l'évolution des êtres vivants (ampliation génique).

Des séquences conservées témoignent de l'origine commune de nombreuses « familles de protéines ». C'est ainsi qu'il existe d'étroites parentés entre les gènes de diverses « protéases » (venins, enzymes digestives ou coagulantes).

Le polymorphisme génétique d'une espèce constitue une richesse face à l'adversité. La répétition de séquences géniques peut renforcer les défenses permettant à certains individus de survivre dans des circonstances hostiles. Ainsi, des bactéries peuvent devenir résistantes aux antibiotiques, des rongeurs aux raticides et des moustiques aux insecticides[1]. Si la plupart du temps, la répétition de séquences demeure sans conséquences apparentes, en revanche, certaines d'entre elles peuvent avoir un effet délétère, comme dans la Chorée de Hutington.

5.– « Une des propriétés fondamentales des êtres vivants est d'être des objets doués d'un projet. »

Jacques Monod a utilisé les termes d'objet, de projet et de téléonomie, sans les avoir peut-être suffisamment définis, tant leur sens lui paraissait évident.

Le projet « téléonomique » fondamental est pour lui « la reproduction invariante de l'espèce ». L'apparence de but résulte seulement de la sélection naturelle. Il reprend ainsi la conception de Maupertuis qui, dès 1751 (un siècle avant Darwin), avait déjà écrit à propos de l'évolution des espèces : « Seules ont subsisté les combinaisons heureuses donnant pour nous aujourd'hui l'illusion de la finalité. »

---

1. C'est ainsi qu'on a pu constater que des Culex devenus résistants aux insecticides possédaient jusqu'à 250 copies d'un gène commandant la synthèse d'une enzyme capable de scinder l'insecticide, le rendant inoffensif (alors que le gène demeurait en simple exemplaire chez les moustiques sensibles).

Peut-être eût-il été plus clair d'éviter le mot projet et de parler des résultats. Revoyons donc les diverses terminologies :

Le terme de « *téléonomie* » est généralement attribué à Pittendrigh, qui l'aurait introduit en biologie en 1958, pour le distinguer de celui de « *téléologie* » utilisé comme synonyme de finalité. Les biologistes se sont, en effet, toujours méfiés du mot « finalité » qui implique une composante subjective. Ainsi, Haldane pouvait écrire : « La téléologie est pour le biologiste comme une maîtresse, il ne peut vivre sans elle, mais il ne veut pas être vu en public avec elle. » Et de nos jours P.-P. Grassé considère que la finalité en biologie ne cesse comme le phénix de renaître de ses cendres sous une forme plus ou moins déguisée.

Ernst Mayr s'est efforcé, parmi d'autres, d'apporter un peu de clarté dans ce domaine sémantique (*Boston studies in the Philosophy of Science*, XIV, 1973). Il commence par rappeler les raisons de la méfiance des scientifiques à l'égard de la téléologie : risque d'imaginer des intentions transcendantes, de faire appel à un vitalisme non réductible à des propriétés biochimiques, d'assumer que des événements futurs sont à l'origine d'événements actuels, risque aussi d'interpréter les effets de façon anthropomorphique.

L'évolution du Vivant est pour Mayr unidirectionnelle et de complexité croissante, orthogénétique et irréversible. Le terme de téléologie implique l'accomplissement d'un projet préalable. Celui de téléonomie concerne un résultat observé sans préjuger de son origine. Darwin, Monod, De Duve, Mayr lui-même, (pour n'en citer que quelques-uns), considèrent la survie des espèces les mieux adaptées, comme le résultat de la sélection naturelle qui agit *a posteriori*, non pas sur les gènes mais sur les individus appelés à les transmettre et sur leur comportement. Mayr distingue à cet égard deux types de programmation par l'ADN : « programme fermé », dirigeant un comportement purement instinctif, et « programme ouvert », permettant des acquisitions épigénétiques par apprentissage.

Pour revenir à Monod, celui-ci considère la Nature (inanimée) comme nécessairement « objective », et non « projective », c'est-à-dire comme totalement dépourvue de projet. « En ce qui concerne le vivant, l'évolution, écrit-il, n'est pas celle du prévu, mais du possible ». Personnellement, il me paraîtrait plus prudent de considérer que l'homme n'est pas en mesure de discerner un projet cohérent dans l'Univers, sans exclure qu'il puisse en exister un. Monod a d'ailleurs dû percevoir lui-même ce que son assertion pouvait avoir d'arbitraire, puisqu'il a parlé de « *postulat* de l'objectivité de la Nature ». Il semble avoir oublié par la suite qu'il s'agissait d'un postulat, car il devient de plus en plus catégorique dans ses assertions. De fait, affirmer d'entrée que la nature est objective, n'est-ce pas trancher d'avance le problème que l'on désire précisément résoudre ?

6.– « La sélection opère sur les produits du hasard ».

Le mot hasard vient de l'arabe « Al Zahr », qui signifie les dés. Mais ce n'est pas le hasard opérationnel, celui qui préside au jeu de dés, que Jacques Monod a en vue. Il le précise bien : c'est le hasard résultant de la rencontre de deux séries causales indépendantes. Semblables rencontres fortuites sont intervenues, selon lui, à trois niveaux dans l'histoire du Vivant : 1 — entre les triplets de nucléotides et les acides aminés qu'ils codent ; 2 — entre la structure primaire (enchaînements des acides aminés) et la fonction des protéines ; 3 — entre les mutations de l'ADN au niveau des gènes et les conséquences sur la fonction des protéines qu'ils codent.

Que le hasard joue un rôle essentiel dans le déroulement de la vie, pour les individus comme pour les espèces, c'est une évidence. Il suffit de songer aux chances minuscules qu'avait chacun de nous de voir le jour ; la femme dispose dès le départ d'environ quatre cents ovules, tandis que l'homme fabrique des millions et des millions de spermatozoïdes durant la plus grande partie de sa vie. Le nombre des combinaisons potentielles entre ovules et spermatozoïdes d'un seul couple dépasse le nombre des habitants actuels de la terre, ce qui donne la mesure du nombre infime de chances qu'avait une combinaison plutôt qu'une autre d'aboutir.

Monod considère que les modifications de l'ADN, qu'il s'agisse de mutations ponctuelles ou de remaniements plus étendus, sont des accidents imprévisibles survenant au cours de sa réplication. Pour lui, l'ADN, « conservatoire du hasard », est totalement insensible aux influences extérieures, ce qui rend compte de l'invariance des structures dans chaque espèce.

Personne ne peut contester la fréquence des mutations de l'ADN, responsables du polymorphisme intra et inter-espèces, mais il n'est pas facile d'admettre que le progrès puisse résulter d'erreurs fortuites et que l'ADN demeure insensible à toute pression extérieure, comme l'affirmèrent, chacun de son côté, F. Crick et J. Monod. « L'induction enzymatique », sujet central des recherches de Monod, ne témoignait-elle pas déjà d'une rétroaction du milieu sur l'ADN (dérépression spécifique d'un gène par des sucres ajoutés au milieu de culture de colibacilles). Les rétrovirus sont capables de pénétrer dans des cellules et de s'incorporer à l'ADN et leur noyau, et l'on peut penser que des rétroactions peuvent s'exercer sur l'ADN, d'une façon ou d'une autre à partir de l'environnement, pour rendre compte des acquisitions adaptatives et en particulier de la « co-évolution » de certaines espèces.

Par ailleurs, les mutations de l'ADN ne surviennent pas n'importe où, certains segments sont plus exposés : dès les années 60, Seymour Benzer avait mis en évidence des sites privilégiés de mutation (désignés du nom de « hot spots »). Ces endroits sensibles peuvent favoriser la survenue de mutations nouvelles intéressant les sites déjà impliqués dans des maladies héréditaires (c'est ainsi que des hémophilies *de novo* peuvent apparaître dans des familles dépourvues d'antécédents héréditaires).

On peut également évoquer le mode de synthèse des immunoglobulines. Celui-ci met en jeu toute une série de recombi-

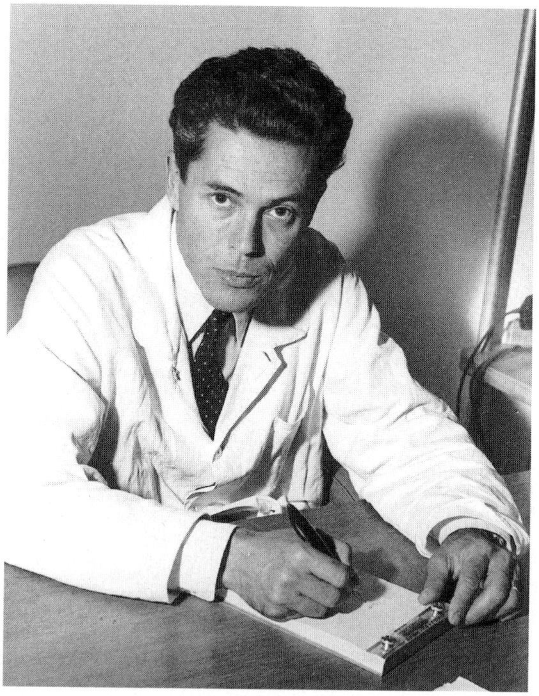

Jacques Monod dans son laboratoire à 36 ans
(photo Madeleine Brunerie).

Jacques Monod en 1945 durant la Résistance avec le colonel Rol-Tanguy
(photo André Zucca).
D.R.

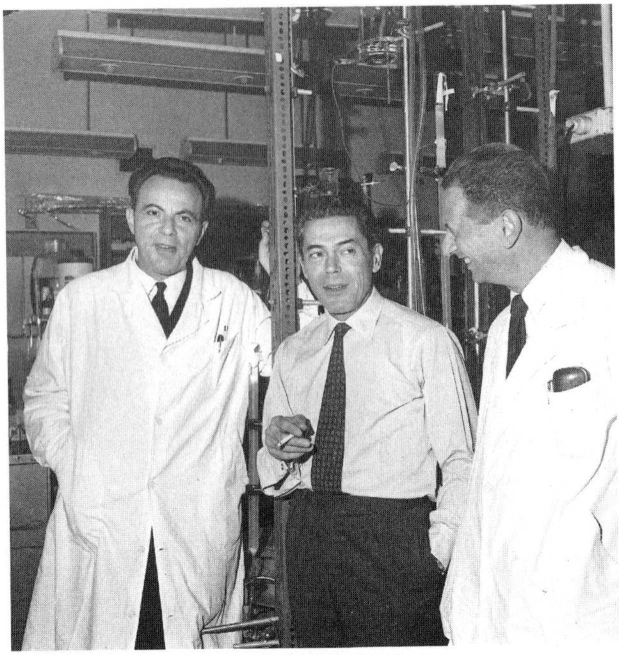

François Jacob, Jacques Monod, et André Lwoff à l'Institut Pasteur, à l'annonce du prix Nobel en 1965 (photo René Saint-Paul).
D.R.

Jacques et son épouse, Odette Bruhl-Monod, dansant au bal du Nobel, à Stockholm, le 10 décembre 1965 (photo Keystone).
D.R.

Jacques Monod dans son laboratoire...

...et dans son bureau avec sa secrétaire, Madeleine Brunerie (photos M. Brunerie).

Jacques Monod dans son laboratoire à l'âge de 54 ans (photo M. Brunerie).

Portrait de Charlotte McGregor, mère de Jacques Monod, par Lucien Monod, au Clos Saint-Jacques (photo J.-P. Soulier).

Philippe et Olivier Monod avec leur mère, en 1943 et 1947 (photos prises par Jacques Monod), Famille Monod.

Jacques Monod au violoncelle, Seattle 1969 (photo Ed. Fischer).
D.R.

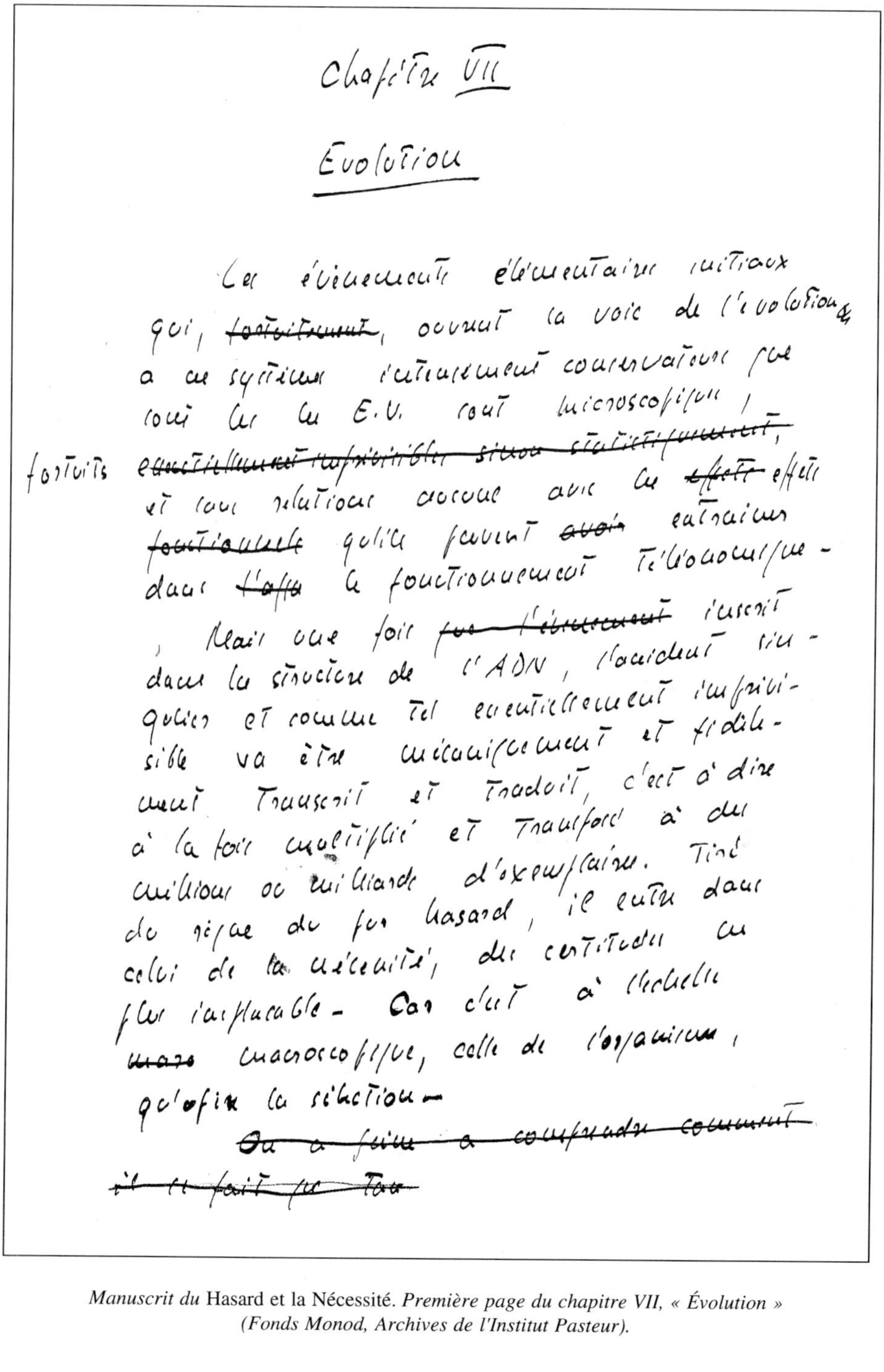

Chapitre VII

Évolution

Les évènements élémentaires initiaux qui, ~~fortuitement~~, ouvrent la voie de l'évolution à ces systèmes intensément conservateurs que sont les E.V. sont microscopiques, fortuits ~~exactement imprévisibles sinon statistiquement~~, et sans relation aucune avec les ~~effets~~ effets ~~fonctionnels~~ qu'ils peuvent ~~avoir~~ entraîner dans ~~l'effe~~ le fonctionnement téléonomique.

Mais une fois ~~que l'évènement~~ inscrit dans la structure de l'ADN, l'accident singulier et comme tel essentiellement imprévisible va être mécaniquement et fidèlement transcrit et traduit, c'est à dire à la fois multiplié et transposé à des millions ou milliards d'exemplaires. Tiré du règne du pur hasard, il entre dans celui de la nécessité, des certitudes les plus implacables. Car c'est à l'échelle ~~macro~~ macroscopique, celle de l'organisme, qu'opère la sélection.

~~On a peine à comprendre comment il se fait que tant~~

Manuscrit du Hasard et la Nécessité. *Première page du chapitre VII, « Évolution » (Fonds Monod, Archives de l'Institut Pasteur).*

Généalogie de Jacques Monod

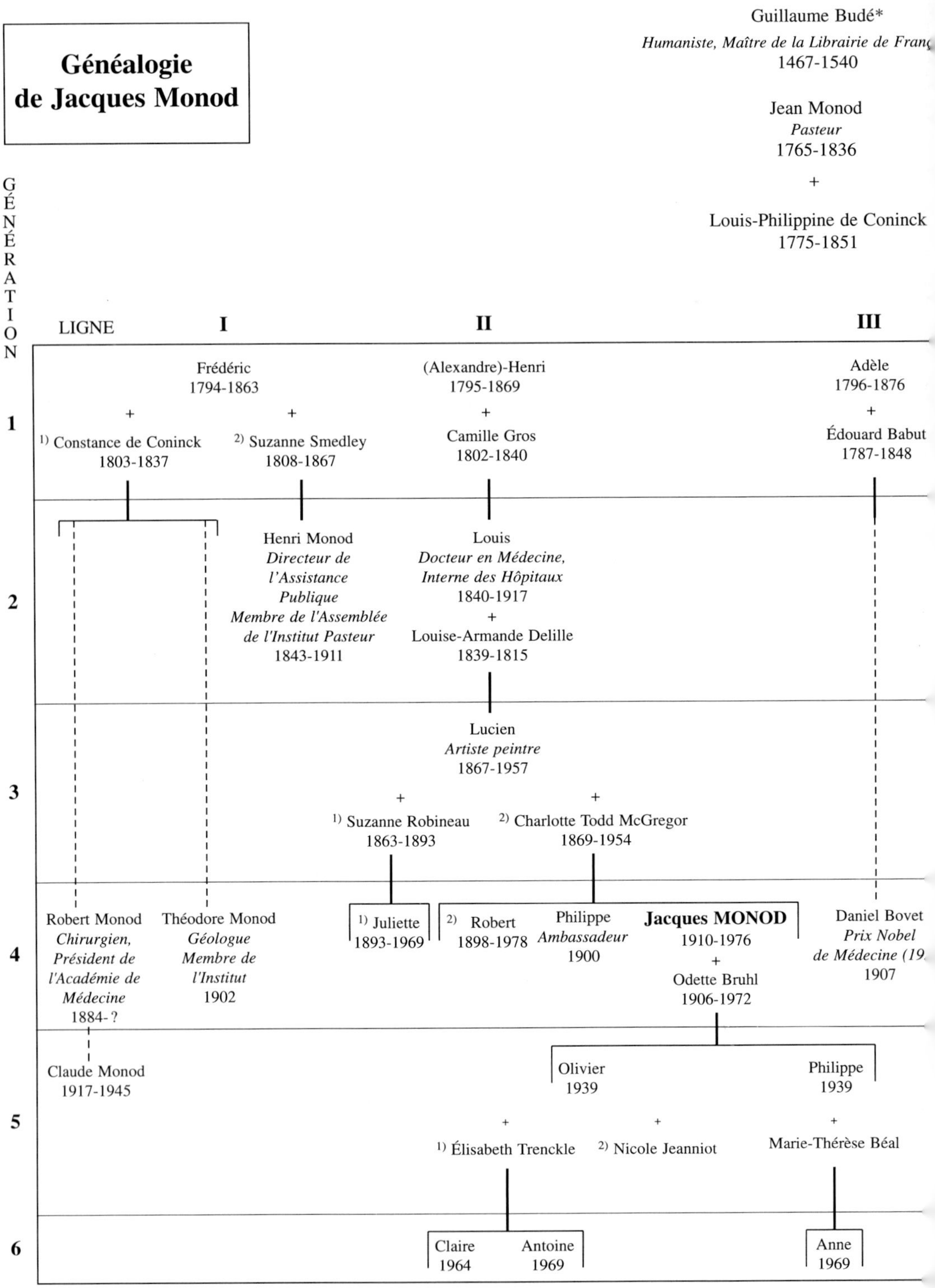

N.B. : * Guillaume Budé a inspiré à François Ier la création du Collège de France.
1) Premier mariage ; 2) Second mariage.

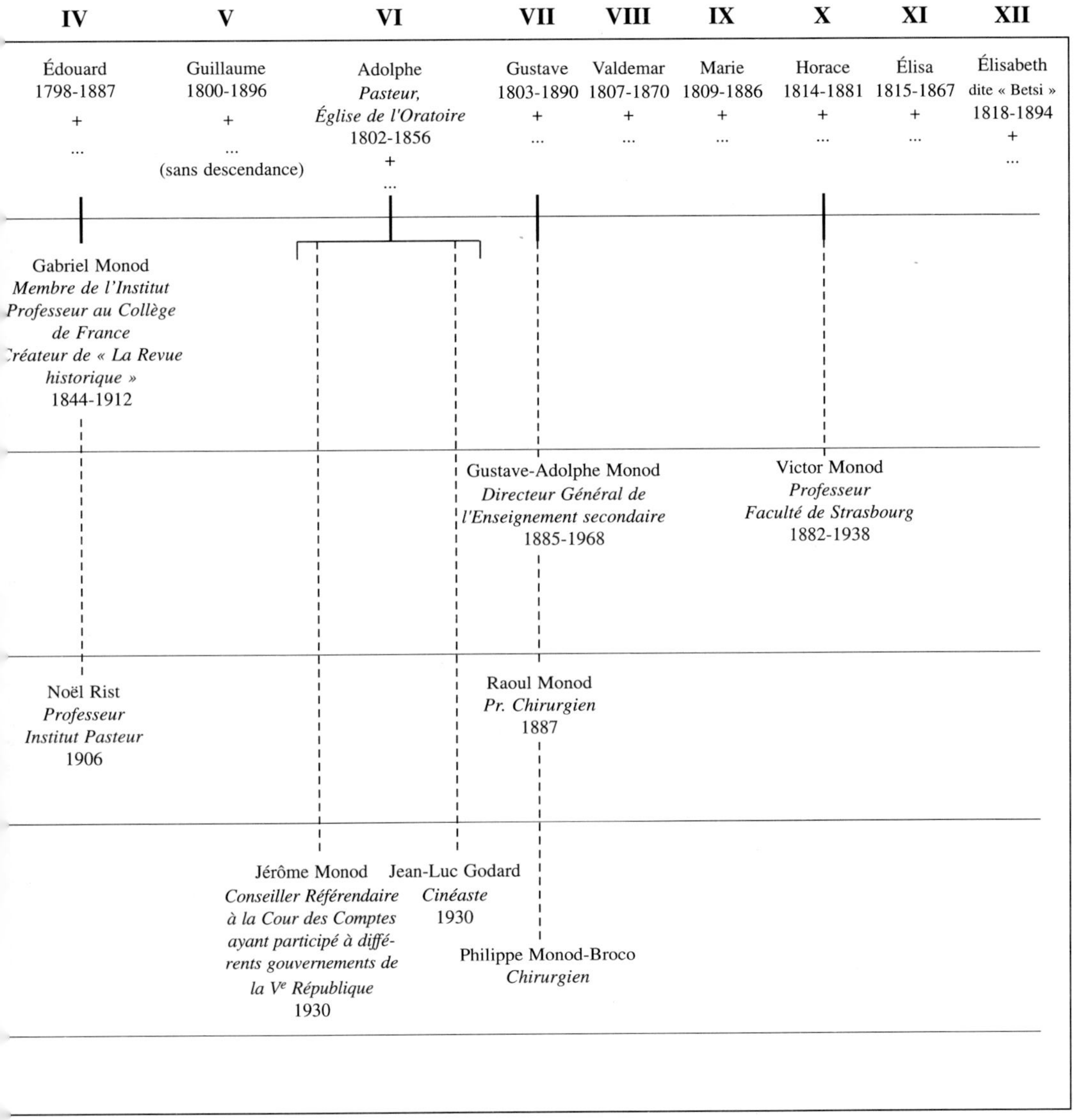
IV
V
VI
VII
VIII
IX
X
XI
XII
Édouard
1798-1887
+
...
Guillaume
1800-1896
+
...
(sans descendance)
Adolphe
Pasteur,
Église de l'Oratoire
1802-1856
+
...
Gustave
1803-1890
+
...
Valdemar
1807-1870
+
...
Marie
1809-1886
+
...
Horace
1814-1881
+
...
Élisa
1815-1867
+
...
Élisabeth
dite « Betsi »
1818-1894
+
...
Gabriel Monod
Membre de l'Institut
Professeur au Collège de France
Créateur de « La Revue historique »
1844-1912
Gustave-Adolphe Monod
Directeur Général de l'Enseignement secondaire
1885-1968
Victor Monod
Professeur
Faculté de Strasbourg
1882-1938
Noël Rist
Professeur
Institut Pasteur
1906
Raoul Monod
Pr. Chirurgien
1887
Jérôme Monod
Conseiller Référendaire à la Cour des Comptes ayant participé à différents gouvernements de la Ve République
1930
Jean-Luc Godard
Cinéaste
1930
Philippe Monod-Broco
Chirurgien

Personnages

Épistemos - géomètre (41 ans)

Philokratos - Premier ministre d'Égypte (45 ans)

Gerontos - Président de l'Académie 75

Pataphysos - membre de l'académie 60

Logomachos - Philosophe Royal 45

Aristos - neveu de Philokratos 20

Bidulos - chef de la Police 40

Psyché, princesse d'Égypte 16 ans

Chrysis - célèbre courtisane 38

Chloé - élève de Chrysis 18

Nourrice de Psyché

esclaves - soldats.

La scène est à Alexandrie en 200 A.V.

Manuscrit du Puits de Syène : *la liste des personnages.*

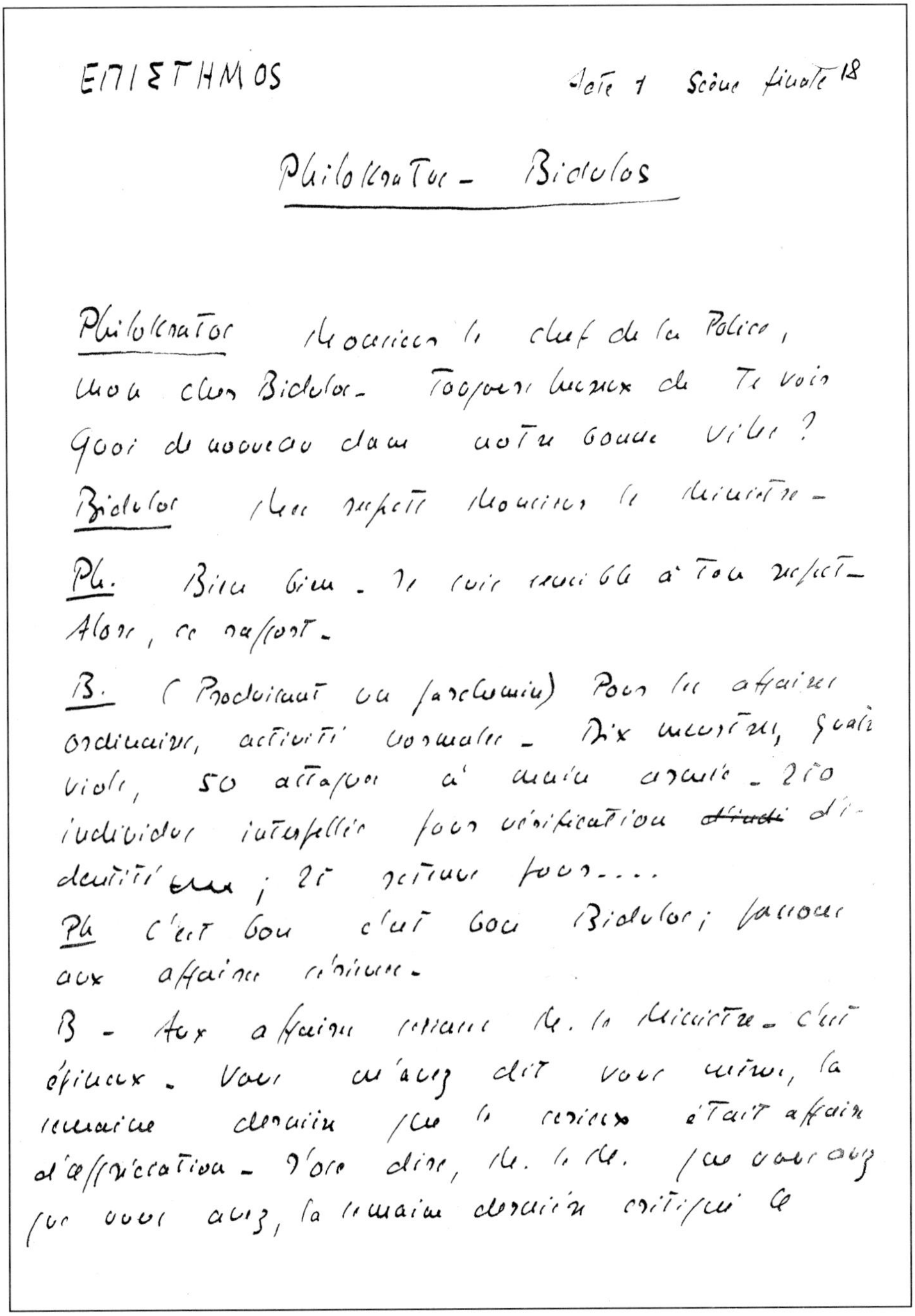

ΕΠΙΣΤΗΜΟΣ — Acte 1 Scène finale 18

Philokrator – Bidulos

Philokrator Monsieur le chef de la Police, mon cher Bidulos. Toujours heureux de te voir. Quoi de nouveau dans notre bonne ville ?

Bidulos Mes respects Monsieur le ministre.

Ph. Bien bien. Je suis sensible à ton respect. Alors, ce rapport.

B. (Produisant un parchemin) Pour les affaires ordinaires, activité normale. Dix meurtres, quatre viols, 50 attaques à main armée. 200 individus interpellés pour vérification ~~d'iden~~ d'identité ~~...~~ ; 25 retenus pour....

Ph C'est bon c'est bon Bidulos ; passons aux affaires sérieuses.

B. Aux affaires relevant de M. le Ministre. C'est épineux. Vous m'avez dit vous même, la semaine dernière que le sérieux était affaire d'appréciation. J'ose dire, M. le M. que vous auriez que vous avez, la semaine dernière critiqué le

Manuscrit du Puits de Syène, *Acte 1, scène 3. (Fonds Monod, Archives de l'Institut Pasteur).*

Le dernier voilier de Jacques Monod, « La Tara ».

Jacques Monod souriant,
lors du 150e anniversaire de la naissance de Pasteur, le 2 mai 1973 (Universal Photo).
D.R.

Cette même année 1973, Monod pensif sur le chantier de l'usine de Louviers.

La façade du Clos Saint-Jacques devant laquelle aura lieu le dernier hommage à Jacques Monod (photo J.-P. Soulier).

Sur la Tara, avec Jan Hardy, J. Monod quatre jours avant sa mort (photo Jean Hardy).

Jacques Monod au Clos Saint-Jacques, quatre jours avant sa mort, le 27 mai 1976 (photo Jean Hardy).

Le cimetière du Grand Jas à Cannes (photo J.-P. Soulier).

La tombe Monod au Grand Jas (photos J.-P. Soulier).

naisons et mutations au niveau des gènes codant pour la région dite « variable » des anticorps, avec une fréquence considérable, sans commune mesure avec celle observée au niveau de l'ensemble du génome (cent mille fois plus élevée pour chaque paire de bases). Ce sont les mutations fonctionnellement utiles qui se trouvent opérationnellement sélectionnées par leur affinité spécifique à l'égard de tel ou tel antigène.

Les adversaires d'une sélection darwinienne de mutations fortuites (tel P.-P. Grassé qui trouve que le hasard a vraiment trop bon dos), ont plus des convictions que des faits à opposer. Ils se plaisent à répéter que les lettres de l'alphabet jetées en l'air des milliards de milliards de fois ne composeront jamais en retombant un sonnet de Shakespeare. C'est évident, mais ils oublient que si un tri (« sorting out » en anglais) s'effectuait à chaque lancement — comme c'est le cas pour la sélection naturelle — un texte significatif pourrait en résulter. Ce n'est pas en effet le hasard qui choisit, mais la sélection. Reste à savoir si des mutations avantageuses ont pu être suffisamment nombreuses pour rendre compte de la fantastique multiplicité des espèces, ainsi que des innovations caractérisant les embranchements (macro-évolution). Ceci demeure l'élément central de controverse entre partisans et adversaires du néo-darwinisme. En effet, ou bien leur nombre est assez grand et l'hypothèse néodarwinienne prend toute son importance, ou bien il est insuffisant et la théorie doit être abandonnée.

Monod en était conscient. Dans *Le hasard et la nécessité*, il insiste sur « la richesse de la source du hasard ». Il écrit : « On peut estimer que dans la population humaine actuelle, il se produit à chaque génération quelque cent à mille milliards de mutations. Je n'avance ce chiffre que pour donner une idée des dimensions de l'immense réservoir de variabilité fortuite que constitue le génome d'une espèce (...) Compte tenu des dimensions de cette énorme loterie et de la vitesse à laquelle y joue la nature (pendant des immenses périodes de temps), ce n'est pas l'évolution mais la stabilité des formes qui peut paraître surprenante ». Il ajoute un peu plus loin : « L'évolution n'a retenu, amplifié, intégré qu'une infime fraction des chances que lui offrait en nombre astronomique la roulette de la nature ».

Des évaluations mathématiques ont été faites pour apprécier si des mutations au hasard auraient pu être assez nombreuses pour rendre compte des millions d'espèces existantes. Ainsi Georges Salet, partant des chiffres de Monod et s'appuyant sur les lois mathématiques d'Émile Borel gouvernant le calcul de *probabilités composées*, parvient à une conclusion opposée : ces chiffres sont pour lui très loin de pouvoir expliquer les transformations « d'une amibe primitive en les millions d'espèces actuelles » (voir annexe 5).

N'étant pas plus mathématicien que Monod, et me méfiant de la façon forcément très approximative dont les uns et les autres estiment le nombre de mutations, je me garderai de prendre partie dans cette controverse chiffrée. Je remarque seulement que Salet raisonne à partir de mutations ponctuelles convergentes portant sur des gènes de structure. En réalité, les remaniements de l'ADN susceptibles de se produire au cours des duplications cellulaires et de la réduction chromatique au niveau des gamètes sont loin de se limiter aux mutations ponctuelles et aux gènes de structure. Des translocations chromosomiques, des délétions ou additions, des multiplications géniques, des transpositions intra- ou inter-chromosomiques, peuvent survenir. De tels remaniements (véritables macro-mutations) ont pu avoir sur l'Évolution des conséquences beaucoup plus importantes que les mutations ponctuelles. De plus, des erreurs de transcription peuvent intéresser des gènes « homéotiques »[1] qui commandent à des ré-

---

1. E. Lewis, E. Wieschaus et Ch. Nuesslein-Volhard ont reçu le prix Nobel 1995 de Physiologie ou de Médecine pour leurs travaux concernant les gènes homéotiques.

seaux de gènes de structure jouant un rôle important dans le développement embryonnaire et qui sont susceptibles, comme le dit C. de Duve de bouleverser le schéma corporel.

Le calcul des « probabilités composées » de G. Salet n'est plus applicable à ces différents types de remaniements complexes.

En définitive, la force du néo-darwinisme provient surtout de ce que ses adversaires n'ont aucune autre théorie « objective » à proposer pour expliquer l'Évolution. Le débat est loin d'être clos aujourd'hui et il promet encore de beaux affrontements.

7.– « L'éthique de la connaissance »

L'éthique de la connaissance, chère à Jacques Monod, constitue la plus discutée et la plus discutable de ses conceptions philosophiques. Elle s'efforce de concilier son exigence d'objectivité et les valeurs humanistes auxquelles il est profondément attaché. Il est pleinement conscient de la difficulté de l'entreprise. Il est le premier à souligner que : « la connaissance est en elle-même exclusive de tout jugement de valeur, tandis que l'éthique, par essence non objective, est à jamais exclue du champ de la connaissance ».

L'appellation même d'*éthique de la connaissance* est quelque peu ambiguë : non seulement elle comporte une contradiction interne entre les deux termes (dont il est pleinement conscient), mais encore le terme de connaissance est ici réservé à la connaissance *objective*, considérée comme la seule valable. Esquissée en 1967 dans sa leçon inaugurale, l'éthique de la connaissance est détaillée en 1970 dans le dernier chapitre du *Hasard et la nécessité* (intitulé *le Royaume et les ténèbres*) ce qui lui confère le relief particulier qui s'attache aux conclusions. Monod ne se résout pas à ce « que la vérité objective et la théorie des valeurs constituent à jamais des domaines étrangers, impénétrables l'un à l'autre ». Non qu'il s'agisse pour lui d'un conflit intérieur : il a toujours concilié sans difficulté science et musique, art et sport, méditation et action, mais le besoin d'unification est une constante de son caractère.

Vouloir unifier connaissance (objective) et valeurs morales, constitue une véritable gageure. Il confiera d'ailleurs avoir remanié à plusieurs reprises la rédaction de ces dernières pages. Pense-t-il convaincre ? Il est le premier à en douter. Il semble qu'il ait surtout écrit pour lui-même, ce qui ne signifie pas qu'il soit parvenu à s'en satisfaire.

Essayons de saisir ce qu'il entend par « éthique de la connaissance », en partant de ses écrits et d'une interview publiée en janvier 1968 dans la revue *« Raison présente »*, intitulée *La science, valeur suprême de l'homme*. Deux éléments sont à la base de sa conception : (1) valeurs et connaissances sont nécessairement associées dans l'action et le discours, et (2) « le postulat d'objectivité est en soi un choix éthique. C'est un choix éthique, en ce sens que c'est une discipline que l'homme s'impose à lui-même un choix austère auquel il doit sacrifier ses illusions anthropocentriques (sa propre importance, l'espoir d'une vie future...). C'est aussi un humanisme, puisque l'homme ne peut puiser qu'en lui-même les règles de son comportement. C'est enfin un dépassement : l'homme doit parvenir à dépasser l'anthropocentrisme des animismes passéistes, qui ont conservé la crainte ancestrale de l'arbre de science. C'est pour Monod le seul moyen de ne pas se trouver déchiré entre les connaissances scientifiques modernes et les croyances anciennes, et pour échapper à ce qu'il appelle « le mal de l'âme moderne ».

Cette tentative d'intégration lui a valu, nous l'avons vu, d'innombrables critiques, venant aussi bien des « animistes » que des scientifiques. Mais sa conception ne manque pas de grandeur. Il préconise, en effet, que tous les hommes puissent librement accéder à la connaissance, c'est-à-dire au « Royaume des idées », en dépassant la composante biologique animale de l'espèce (sans la renier comme le font les religions). Cette tentative de surmonter la barrière entre matérialisme et spiritualisme, conduira certains à considérer qu'il n'est pas parvenu à résoudre ses contradictions, ou bien qu'il est un spiritualiste qui s'ignore.

Si la conception d'une éthique de la connaissance n'a pas convaincu au plan individuel, elle est encore moins crédible au plan socio-politique. On voit mal comment un idéal politique pourrait se fonder sur le postulat d'objectivité et justifier un type de société (socialiste ou autre). Là encore, Monod, prévoyant les objections, a cherché à les prévenir : « Si, dit-il, les mouvement socialistes, incluant le marxisme, ont toujours placé la connaissance, du moins en principe, au premier plan, en pratique malheureusement, les derniers épigones du marxisme ont été jusqu'à dénier la valeur de l'objectivité et à rejeter des données scientifiques qui, pensaient-ils, contrarieraient le marxisme ». Il préconise donc un socialisme où seraient enseignées dans les écoles la physiologie et la psychologie, avec la notion que « l'Univers n'a pas été créé pour nous, mais que nous pouvons le conquérir à travers la connaissance. »

Si Jacques Monod n'est pas parvenu à convaincre de fonder sur la connaissance objective des valeurs morales, individuelles ou collectives, dont les critères d'appréciation demeurent largement subjectifs, on peut toutefois reconnaître avec lui que l'exigence d'objectivité est bien une valeur éthique (parmi d'autres) et qu'il est désirable que les autres valeurs — à défaut de pouvoir directement s'en inspirer — ne soient pas en contradiction avec les données de la connaissance objective. Il faut observer aussi que si la tentative de Monod n'a pas été couronnée de succès, elle n'en mérite pas moins le respect, car elle était noble et courageuse.

Partie 3

JACQUES MONOD, L'HOMME

LES MONOD

Le clan Monod a une longue histoire. Le « Fonds Monod », aux Archives de l'Institut Pasteur, comporte l'inventaire très détaillé d'une lignée remontant jusqu'au XVe siècle. Le tableau généalogique[1] rassemble les descendants de Jean Monod issu de quatre illustres familles : les Rapin de Thoyras, les Coninck, les Calandrini et les Budé.

Guillaume Budé (1467-1540), célèbre helléniste, maître de la librairie de François Ier, fut un des fondateurs du Collège de France, auquel appartiendront quelques siècles plus tard deux de ses lointains rejetons (Gabriel Monod et notre Jacques Monod).

En 1685, au moment de la Révocation de l'Édit de Nantes, les descendants de Guillaume Budé émigrèrent à Genève. L'un d'eux, Jean Monod (1763-1836), deviendra pasteur à Copenhague, où il épousera Louise-Philippine de Coninck, elle aussi émigrée huguenote. Ils revinrent en France en 1808. Le pasteur Monod retrouva de plein droit la nationalité française (grâce à une loi votée par la Convention), tout en gardant le privilège d'être « citoyen de Genève » où il était né. Il poursuivra son ministère de pasteur à Paris.

---

1. Voir le cahier hors texte.

Le couple eut douze enfants : huit garçons et quatre filles. Aucun de ces enfants n'alla à l'école. Ils étaient assez nombreux pour former à eux seuls une petite classe. Un pasteur hanovrien, M. Kuster, leur servit de précepteur. Ils étaient élevés « à la dure » : lever à six heures, travail sans chauffage été comme hiver. Les résultats furent excellents. Ils réussirent fort bien et engendreront à leur tour nombre de Monod qui brilleront dans le domaine médical ou universitaire. Citons parmi eux : Henri Monod (1843-1911), directeur de l'Assistance Publique et membre du Conseil de l'Institut Pasteur, et Gabriel Monod (1844-1912), professeur au Collège de France. Deux oncles de Jacques furent aussi des universitaires distingués : Gustave-Adolphe Monod (1885-1966), Directeur général de l'Enseignement secondaire, et Victor Monod (1882-1938), professeur à la Faculté de Strasbourg.

Parmi les membres de la génération de Jacques, cousins plus ou moins éloignés, citons deux chirurgiens : le professeur Robert Monod, né en 1884, Président de l'Académie de Médecine, père de Claude Monod, interne des hôpitaux de Paris, tué pendant la dernière guerre ; le professeur Raoul Monod et son fils Philippe Monod-Broca, tous deux également chirurgiens. Enfin un cousin bien connu des médias, le géologue Théodore Monod, né en 1902, membre de l'Institut, qui parcourt encore de nos jours le Sahara.

Deux autres descendants de la famille Monod par les femmes ont des noms bien connus des médecins et des biologistes : ce sont Daniel Bovet, pharmacologue italien, prix Nobel de médecine en 1957, et le professeur Noël Rist, pasteurien, spécialiste de la tuberculose.

Les Monod font partie de ces vieilles familles protestantes françaises qu'André Siegfried classait parmi « les lévites », entendant par là qu'elles comportaient des pasteurs, des universitaires, des scientifiques, et... des banquiers.

Bons gènes ne sauraient mentir, Jacques Monod sera à la hauteur de ses illustres devanciers.

* *
*

LA PROCHE FAMILLE DE JACQUES MONOD

Louis Monod (1840-1917) petit-fils du pasteur Jean Monod, ancien interne des hôpitaux, épouse Louise-Armande Delille (1839-1915) ; de cette union naîtront sept enfants dont Lucien Monod (1867-1957), le père de Jacques Monod. Celui-ci épouse en première noce Suzanne Robineau, qui meurt en 1893 à l'âge de trente ans, après avoir donné naissance à une fille nommée Juliette.

Lucien se remariera, en 1897, avec Charlotte Todd McGregor, une américaine née à Milwaukee, dont le père, Robert Todd McGregor, fils de pasteur, avait émigré d'Écosse en 1852. Évoquant sa mère, Jacques écrira : « une puritaine, assez révolutionnaire pour quitter l'Amérique protestante, s'installer en France catholique et épouser un évolutionniste ». Ainsi Jacques Monod eût pu écrire, à l'instar de Nietzsche qu'il admirait : « dans mes veines coule le sang des prêtres ». Ces deux agnostiques, aux aspirations spirituelles élevées, comptaient en effet des pasteurs dans leur double ascendance paternelle et maternelle.

Dans la maison de famille à Cannes, le « Clos Saint-Jacques », j'ai pu voir, dans la grande pièce transformée en atelier par Lucien Monod qui y avait fait percer de grandes baies, un portrait très vivant de Charlotte McGregor. La toile est demeurée sur son chevalet comme si elle venait d'être terminée. Peinte jusqu'à la taille dans une robe largement échancrée, elle a grande allure : la tête haute, le visage allongé, le menton un peu saillant, le cou long, le torse bien droit. Le regard direct et les pommettes hautes se retrouvent chez son fils Jacques. Peut-être est-ce ce portrait qui fut à l'origine de l'idylle entre le peintre et son modèle. Charlotte, venue à Paris en simple touriste, séduite par la personnalité très attachante de l'artiste, en dépit de son infirmité (dont nous reparlerons), devait ne jamais retourner aux États-Unis.

C'était une femme de caractère qui éleva ses enfants avec fermeté. Jacques a sans doute hérité d'elle son tempérament énergique et autoritaire. De ce second mariage naquirent trois fils : l'aîné, Robert, né en 1898, handicapé mental, dut passer la seconde partie de son existence dans une institution spécialisée près de Bergerac, où il vécut néanmoins jusqu'à l'âge de quatre-vingts ans (il mourut en 1978, soit deux ans plus tard que Jacques Monod). Personne n'en parle jamais...

Le second, Philippe, « Philo » pour les intimes, est né en 1900, il est mort il y a peu (en 1992). Enfin Jacques, le cadet, va naître le 9 février 1910 à Paris. Sa venue au monde fut une déception, m'a-t-on dit, pour ses parents qui espéraient une fille !...

Au lendemain de la première guerre mondiale, à la mort de son père, médecin au Havre, Lucien Monod qui vivait modestement de sa peinture (surtout comme portraitiste), fut en mesure d'acheter grâce à l'héritage paternel une maison à Cannes.

Philippe Monod (un des deux fils jumeaux de Jacques) a bien voulu me faire visiter le « Clos Saint-Jacques », perché sur les hauteurs de Cannes, près de l'avenue de Bénéfiat. On y accède par un étroit chemin de terre se terminant en impasse, qui n'a pas dû changer depuis le siècle dernier. La maison est une solide bâtisse carrée, avec un toit de tuiles provençales, au milieu d'un jardin planté de pins, d'eucalyptus et de cyprès, aménagé en terrasses en raison de la forte pente. Des additions ont été faites au cours des temps : Lucien fit construire sur l'arrière un pavillon bas à l'intention de sa progéniture. Jacques Monod fera édifier à hauteur du premier étage un balcon à balustres supporté par deux colonnes rectangulaires, afin d'alléger une façade un peu sévère.

De ce balcon surplombant l'entrée, on a une vue étendue jusqu'à la mer. Devant la maison, une table en fer et des chaises à l'ombre d'un tilleul. Le grand arbre était tout bruissant de cigales, en ce jour d'août 95 où Philippe Monod a bien voulu évoquer pour moi ses parents avant de me faire visiter les lieux.

Les pièces ont gardé un cachet ancien avec un mobilier début du siècle. Les murs sont emplis des œuvres du grand-père : portraits et dessins, peintures à l'huile dans le style de Puvis de Chavannes, aquarelles lumineuses pleines de charmes (en particulier des pivoines blanches). Même les panneaux de la porte du salon sont peints, comme dans les villas de Pompéi : des angelots sans ailes portent sur leurs épaules de grandes touffes de pivoines. Lucien Monod n'appréciait pas l'impressionnisme, ni davantage la raideur dépouillée d'un Cézanne. Sa peinture est assez conventionnelle, mais pleine de sensibilité. Les nombreux paysages, à l'huile ou à l'aquarelle, expriment une vision délicate et respectueuse de la nature.

C'est là, dans cette demeure familiale imprégnée d'art, que Jacques Monod a vécu sa seconde enfance au lendemain de la première guerre mondiale — une enfance méditerranéenne épanouie, qui éclipsera la première enfance parisienne. Grâce à leur ascendance maternelle, les deux garçons seront bilingues. Quant au père, non seulement il ne comprend pas l'anglais, mais il n'a jamais cherché à l'apprendre — ce qui ne l'empêche pas d'être un grand admirateur de Charles Darwin. La maison est emplie de livres (d'histoire, de philosophie, de sciences de la nature...). Les fils viendront grossir à leur tour la bibliothèque. Une armoire au second étage demeure pleine de traductions en une douzaine de langues du *Hasard et la nécessité*.

Lucien Monod était un homme plein de vie et de gaieté. En dépit d'un très lourd handicap, il ne se plaignait jamais : il souffrait de graves séquelles d'une poliomyélite[1] et ne pouvait se déplacer qu'avec des béquilles. Parfois même, m'a-t-on dit, il devait se faire transporter dans une brouette ! Malgré son in-

---

1. Jacques Monod, lui-aussi, fut atteint d'une poliomyélite dans l'enfance, mais il n'en garda que de très légères séquelles, il boîtait imperceptiblement, ce qui ne l'a pas empêché de faire du rocher. Cela le gênait seulement pour les longues courses en montagne, aussi évitait-il les marches d'approche.

firmité, il était très sociable et n'avait que des amis. Parmi eux, se trouvait le docteur Charles Mantoux qui s'était installé en 1905 à Cannes, comme phtisiologue.[1]

Les familles Mantoux et Monod sont demeurées étroitement liées à travers les générations : l'amitié s'est poursuivie entre Jacques Monod et Gérard Mantoux (fils de Charles), ainsi qu'avec Lucie Mantoux, sa femme. Gérard, mon ami et collègue d'internat, spécialisé en Cardiologie, est devenu Chef de service au Centre hospitalier régional de Cannes. C'est dans son service que Jacques Monod sera admis en urgence à la Pentecôte 1976, avant d'être transféré en service de réanimation où il succombera.

Jacques Monod n'hérita pas du talent paternel, il n'était pas doué pour le dessin, au point qu'il devait parfois demander à l'un ou l'autre de ses fils de dessiner un schéma à sa place. De surcroît il était daltonien, l'herbe lui paraissait grise (peut-être était-ce une des raisons qui lui faisaient préférer la mer à la campagne). Ce petit handicap ne le gênait d'ailleurs nullement dans son travail (les réactions enzymatiques usuelles produisent des colorations jaunes qu'il appréciait parfaitement). Toutefois ne pas distinguer le rouge du vert peut être à l'origine de malentendus. Ainsi, dans *L'hommage à Jacques Monod*, Michel Goldberg raconte que, peut après son arrivée dans le labo (en 1962), « soucieux de se montrer à la hauteur et de prévenir les critiques du maître dont il avait éprouvé l'esprit caustique », il avait tracé soigneusement les courbes correspondant à quatre réactions enzymatiques différentes qu'il avait élaborées : « Pour permettre de mieux comparer ces expériences (écrit-il), j'avais tracé les quatre courbes sur le même diagramme, en utilisant une couleur différente pour chacune. Fier de mon travail, j'attendais la première occasion pour le montrer et l'expliquer

1. Ch. Mantoux allait chaque année à Paris passer quelques semaines à l'Institut Pasteur, c'est là qu'il mit au point « l'intradermo-réaction à la tuberculine » (connue dans les pays anglo-saxons sous le nom de « Mantoux-test »).

à M. Monod. Quand enfin je pus lui préciser la signification de chaque courbe, je compris que quelque chose n'allait pas, il ne comprenait pas ce que j'expliquais. C'était inhabituel, car d'ordinaire il saisissait une idée avant même que je n'aie achevé de l'exprimer. J'essayai à nouveau plus lentement : la courbe rouge correspond à la β-galactosidase normale, la verte à U178, la bleue à CZI et la noire à l'enzyme complémentée. Un regard terne, interrogateur, me fit comprendre que je n'étais pas encore assez clair. J'étais complètement désorienté et ne pouvait comprendre pourquoi M. Monod ne voyait pas immédiatement l'intérêt de mes résultats. Mais David Perrin, qui venait de nous rejoindre, me souffla à l'oreille : « Il est daltonien, comment veux-tu qu'il s'y retrouve dans tes courbes ! » Goldberg ajoute : « Pendant que M. Monod discutait de mes résultats, je ne pouvais m'empêcher de m'étonner de cette coquetterie qui l'avait conduit à me cacher ce léger défaut. La découverte de ce point faible, dans ce personnage apparemment si monolithique, était en fait ma première perception de sa personnalité si complexe, si sensible et fascinante. »

Jacques Monod fit ses études secondaires au Collège de Cannes (devenu par la suite Lycée Carnot). J'ai pu prendre connaissance de son carnet scolaire. Il est toujours savoureux de découvrir les notes et commentaires de professeurs dans l'ignorance qu'ils sont de l'avenir promis à leurs jeunes élèves. En voici le résumé :

– en Sixième A (il a 12 ans) : « a fait des progrès sensibles en latin et en français, faible en orthographe. Devoirs négligés, faible en mathématiques... »

– En Quatrième A : « peu de goût pour les mathématiques ». Histoire naturelle : « intelligent, mais ne travaille pas beaucoup ». Anglais : « devrait être bien meilleur de par ses origines » (Il est cependant premier, comme en récitation). Dessin : « ne s'applique pas assez ». En lettres : « très doué, fera je l'espère une bonne quatrième ».

– En Première (à 17 ans), Jacques Monod est premier dans trois matières : composition française, histoire et géo et anglais. Il est deuxième en récitation, quatrième en maths... (Il s'agit de classes d'une quinzaine d'élèves). Voici les observations des professeurs : Grec (M. Dor de la Souchère) : « élève très intelligent ». Lettres (M. Gériend) : « très doué ». Histoire et géo : « très bon élève ».

Dans sa notice biographique du Nobel, Jacques Monod rend hommage à M. Dor de la Souchère : « bien connu comme créateur et conservateur du charmant musée d'Antibes. S'il ne me reste rien de la grammaire grecque que j'étais censé apprendre auprès de lui, l'admiration tôt contractée pour un homme de haute et noble culture est l'une des meilleures nourritures pour l'âme d'un très jeune garçon ».

Les enfants Monod, bien que séparés par l'âge (7 ans entre Juliette et Philippe, 10 ans entre Philippe et Jacques) vivent en bonne harmonie. L'aînée Juliette, la demi-sœur, n'a pas été favorisée par la nature. Elle a un physique ingrat et mourra vieille fille à l'âge de 76 ans. Mais elle est intelligente et cultivée, elle donne des leçons privées de latin, de grec et de français. Après la mort de sa belle-mère (en 1954) et de son père (en 1957), elle restera seule à habiter en permanence le « Clos Saint-Jacques ». Elle sera aussi la seule de la famille à pratiquer la religion protestante. Elle fréquente assidûment le foyer œcuménique animé par un lointain cousin, le pasteur Charles Monod, très apprécié de la jeunesse. Elle aura des obsèques religieuses et sur sa tombe demeurent gravées dans le marbre ces paroles de Jean : « Celui qui aime demeure dans la lumière ».

Nous avons vu comment, après le baccalauréat, Jacques Monod s'oriente vers une carrière scientifique. Il vient à Paris, en 1928, préparer une licence de Sciences Naturelles à la Sorbonne. Il habite chez son frère Philippe qui est célibataire. Malgré les dix ans qui les séparent, il existe entre les deux frères une entente exceptionnelle, ainsi qu'une grande affection mutuelle.

Tous ceux qui ont connu « Philo » ont gardé le souvenir d'un homme remarquable : d'abord inscrit au barreau de Grasse, bilingue comme Jacques, il part pour les États-Unis, recommandé à des amis par sa mère McGregor. Il arrive là-bas au moment du crack boursier de 1929. Il se spécialise dans le droit international et entre au cabinet Salomon & Brothers, puis Sullivan & Cromwell, dont il deviendra le représentant à Paris. C'est là qu'il fera la connaissance de son directeur John Foster Dulles, qui deviendra Secrétaire d'État américain aux Affaires étrangères et de son frère Allen Dulles. Il retrouvera ce dernier à Genève au moment de la guerre et participera sous ses ordres à une activité de renseignement. Il entrera sur le tard dans la carrière diplomatique, où il sera très apprécié : de 1947 à 1957, consul de France à Edimbourg, puis chargé des Affaires sociales au Quai d'Orsay, enfin ambassadeur de France en Australie de 1963 à 1965. Il avait gardé toute sa vivacité d'esprit jusqu'à un âge avancé. À 91 ans, il avait confié un jour à son neveu Philippe : « Mon vieux (c'est ainsi que par affection Philippe senior avait coutume de s'adresser à Philippe junior), cela ne vaut la peine de continuer à vivre que si on a gardé le sens de l'humour et la capacité de s'indigner ».

Précisons que c'est à Philo (et à Jacqueline Bernard) que l'on doit la traduction en français de l'ouvrage de Karl Popper *La logique de la découverte scientifique*. Jacques Monod, nous l'avons vu, en rédigera la préface, témoignant de l'entente entre les deux frères.

C'est au sein de la chorale, « La Cantate », que vont se nouer les premiers liens entre Jacques Monod et Odette Bruhl qu'il épousera en 1938. Les quatre sœurs Bruhl font partie d'une large famille israélite : les deux aînées, Suzanne et Madeleine, épouseront deux frères Dreyfus, Jacques et Adolphe. La fille de Suzanne et de Jacques Dreyfus épousera Baruj Benacerraf, qui recevra pour ses travaux d'immunologie le Nobel de Physiologie ou Médecine en 1980 (en même temps que Jean Dausset et George Snell). C'est ainsi que Suzanne Bruhl-Dreyfus aura — ce qui n'est pas courant — un beau-frère et un gendre tout deux prix Nobel...

Odette, la cadette de la famille Bruhl, a quatre ans de plus que Jacques Monod. Elle est diplômée de l'Institut d'Art et d'Archéologie, ainsi que de l'École du Louvre. En 1936 et 1937, elle accomplit des missions en Inde et en Afghanistan et devient une spécialiste de l'art du Népal et du Tibet. Très artiste et cultivée, douée d'une grande rigueur morale et d'un esprit tout en finesse, elle est d'une modestie et d'une simplicité totales. Sur toutes ses photos, on lui voit un large sourire qui force la sympathie.

Bien qu'étant de tempéraments bien différents (Jacques est sûr de lui, autoritaire et dominateur ; Odette est discrète et effacée), il existe entre ces deux êtres de nombreuses affinités intellectuelles et artistiques auxquelles s'ajoute un goût commun pour les sports. C'est elle qui lui fera découvrir les plaisirs de l'escalade[1].

Dans sa note biographique pour le Nobel, Jacques Monod présente ainsi sa femme et ses enfants : « En 1938, j'ai épousé Odette Bruhl. Archéologue, orientaliste, douée du goût le plus sensible et le plus sûr, ma femme m'apportait en dot l'enrichissement d'une culture complémentaire de la mienne. Nous avons eu deux fils jumeaux, Olivier et Philippe. Je n'ai rien fait pour les convaincre de devenir eux aussi des hommes de science, mais beaucoup au contraire pour les persuader que le royaume de la connaissance et des idées ne se limite pas au contenu actuel du mot science. Ils sont cependant l'un et l'autre devenus des scientifiques : l'un géologue (Olivier), l'autre physicien (Philippe). Ces deux fils nous ont apporté ce qui nous manquait,

1. Son frère, Étienne Bruhl, était un alpiniste renommé — à côté de ses occupations de mathématicien et d'importateur de perles fines — il était connu à Chamonix pour avoir ouvert de « nouvelles voies ».

deux filles, je veux dire deux belles-filles et même une petite fille qui porte un joli nom, elle s'appelle Claire » (vint plus tard une seconde petite fille nommée Anne).

Jacques Monod était sensible à la beauté féminine, aux jolies robes. Il avait un jour confié comme une boutade à Annamaria Torriani (enzymologiste et chimiste italienne entrée dans son laboratoire en 1958) : « Mon petit, j'ai raté ma carrière, j'aurais dû être un grand couturier ». Galant aussi, à l'occasion. Annamaria écrit dans *L'hommage à Jacques Monod* : « Lorsque j'arrivais à Paris, laissant désespérée un compagnon bien-aimé, Luigi, qui allait devenir mon mari, je trouvai légèrement irritants le charme et l'impétuosité de Jacques. M'apprenant à me servir d'une règle à calcul, il a profité de cette occasion pour me tenir doucement la main dans la sienne (une belle main nerveuse et expressive avec une bague en or ornée d'une pierre vert foncé). L'avance était inopportune, mais faite avec gentillesse. » Après avoir détaillé les remarquables capacités intellectuelles de Jacques Monod et la qualité des travaux de l'équipe où il entretenait un climat de stimulation constant, A. Torriani termine ainsi son évocation : « Trente ans ont passé, Rapkine, Weigle, Ryan, Doudoroff, Mimi (une aide technique), sont morts. Luigi nous a quitté peu après Jacques. Luigi était toute ma vie, Jacques, lui, était le champagne de notre quête intellectuelle ». Agnès Ullmann indique de son coté : « Il éprouvait presque le même plaisir à la vue d'une bonne expérience qu'à celle d'une jolie femme ».

Bernardino Fantini, qui a participé à l'élaboration initiale du fonds Monod à l'Institut Pasteur, écrit dans *Jacques Monod. Pour une éthique de la connaissance* (Éd. La Découverte, 1988) : « Sa vie privée, bien gardée, fut pour Jacques Monod une source constante de sérénité et de bien-être ».

Mon ami Gérard Mantoux, à qui je demandais quel genre de couple Jacques et Odette formaient, m'a répondu : « Son mariage a été un mariage d'amour. Mais il était la séduction même, les femmes l'aimaient et il aimait les femmes. Il ne s'en cachait pas mais ne m'a jamais fait de confidences. Je me souviens seulement, et je l'entends encore me le dire : "Odette n'a rien à craindre, je lui resterai toujours fidèle". Et c'est vrai, ils ont toujours été liés par une fidélité morale et intellectuelle que n'entamaient en rien son travail, ses déplacements, ses périples en mer ».

Gérard Mantoux a ajouté : « Jacques était aussi un excellent père, attentif à l'éducation des jumeaux, à leur travail. Il les emmenait avec lui en montagne faire de la varappe, jusqu'au jour où les voyant encordés derrière lui, si pleins de confiance, il eut soudain un sentiment tellement aigu de sa responsabilité qu'il décida tout net d'arrêter : il voulait bien risquer sa vie, mais pas la leur ».

Les jumeaux, nés le 5 août 1939, font leurs études au lycée Henri IV. Ils sont élevés de façon non conformiste, les parents ne seront stricts que sur la discipline au travail. Au moment de la guerre, Odette dut se mettre à l'abri, d'autant que son mari était suspect aux yeux de la Gestapo. En 1940, un départ de Bretagne pour l'Angleterre, sur un bateau de pêche, fut organisé pour la mettre à l'abri avec les enfants. Au moment d'embarquer, on s'aperçut que le petit Olivier s'était emparé d'un tube de somnifère et avait avalé des comprimés... Ils demeurèrent en France et allèrent se réfugier à Saint-Leu-la-Forêt.

Philippe est aujourd'hui physicien à Orsay, marié à Marie-Thérèse Béal, une physicienne, aussi souriante et discrète et réservée que l'était sa belle-mère; ils ont une fille, Anne. Tous deux travaillent au CNRS, comme Olivier qui est géologue, et qui a deux enfants d'un premier mariage : Claire et Antoine.

Odette Monod fera toute sa carrière au Musée Guimet. Nommée Conservateur de ce musée, le 1er janvier 1971, elle sera atteinte cette même année d'une affection ganglionnaire. Pour ne pas effrayer, on parlera de maladie de Hodgkin susceptible d'être traitée efficacement. Il s'agissait, en fait, d'un lymphome de haute malignité au-dessus des ressources thérapeutiques de l'époque. Elle succombera le 15 janvier 1972 et sera inhumée au « Grand Jas », le cimetière de Cannes, dans le caveau familial où l'avait précédée trois ans plus tôt sa belle-sœur Juliette. Jacques viendra la rejoindre quatre ans plus tard. Le destin a voulu que les époux soit atteints l'un après l'autre d'hémopathie maligne et meurent au même âge (66 ans), au seuil d'une retraite qu'ils n'auront eu, ni l'un ni l'autre, le loisir de connaître.

* *
*

JACQUES MONOD ET LA MUSIQUE

Ses parents étaient tous deux mélomanes. Ils aimaient jouer de la musique en famille : la mère au piano, Philippe au violoncelle comme Jacques son père, Olivier à la flûte.

Nous avons vu que Jacques Monod avait été tenté d'accepter une proposition de diriger un orchestre amateur en Californie. Juste avant la guerre, il dirigea à Paris une chorale, « La Cantate », qui donna une douzaine de concerts en 1938-1939. À aucun moment son activité scientifique n'a réduit sa passion pour la musique, il jouera toute sa vie du violoncelle.

Il eut pour marraine Lily Texier, la première femme de Claude Debussy. C'était une amie de son père Lucien Monod (qui avait fait trois dessins d'elle). Une lettre du 17 février 1972, (réponse de Jacques Monod à une demande d'informations de Marcel Dietschy qui écrivait en Suisse un ouvrage sur Debussy), nous apporte quelques détails :

« Je n'ai jamais rencontré Debussy avec lequel ma famille n'avait plus aucune relation depuis son divorce. J'ai, bien entendu, de nombreux souvenirs de ma marraine, mais ce sont ceux d'un petit garçon ou d'un très jeune homme : elle me paraissait pourtant fort belle et l'était encore après avoir été, m'a-t-on dit, éblouissante dans sa jeunesse (...) Ce sont des souvenirs d'enfant, de goûters dans son petit appartement de l'avenue de Villiers, de films de Charlot (...) Elle avait un côté peuple, avec tout ce que cela peut comporter d'authenticité, de sens des réalités et d'amour un peu amer. Il y avait chez elle de nombreux souvenirs de Debussy dans une petite vitrine, témoignages de la piété qu'elle continuait de porter à son grand homme, malgré l'extrême cruauté dont il avait fait preuve à son égard ».

Cette lettre nous révèle un autre point d'importance. Répondant à une question concernant sa religion, J. Monod précise : « Non, je n'ai jamais été baptisé, ni protestant, ni catholique, quoique descendant d'une famille huguenote autant qu'on peut l'être. Lily était ma marraine *in partibus*, comme étant la meilleure amie de mes parents au moment de ma naissance — à laquelle elle n'avait d'ailleurs pas assisté ».

Jacques Monod était lié d'amitié avec Nadia Boulanger, très appréciée aux États-Unis. Celle-ci l'ayant invité le 14 avril 1976 (six semaines avant sa mort...) à une audition privée des frères Bardon, qui devaient jouer le Quintette avec deux violoncelles de Schubert, il répondit: « Ma chère Nadia, le médecin m'ordonne de réduire quelque peu mes activités. Je suis donc prudent et évite tout déplacement et sortie tardive. Il m'eût été pourtant bien agréable de me joindre à vos amis qui auront le plaisir d'entendre le quintette de Schubert ».

François Jacob raconte dans *La Statue intérieure* : « Quand Jacques Monod fut invité à donner une conférence dans l'université américaine où enseignait Seymour Benzer, celui-ci le présenta en disant : "Voici le Dr Monod, il dit avoir dans sa jeunesse hésité entre les deux carrières de biologiste ou de musicien. Moi qui ai fait de la musique avec lui, je puis vous dire qu'il a eu raison de choisir la biologie" » déclaration, dont, paraît-il, Monod ne goûta par l'humour...

En 1939, J. Monod traduisit avec son ami François Morin, *Science et musique*, le livre de Sir James Jeans (Hermann, Paris 1939). Dans la préface, il écrit : « Les lois des nombres régissent l'univers et toutes les activités humaines, arts, sciences ou techniques. De tous les arts, c'est la musique qui est le plus directement soumise à ces lois (..) Sir James Jeans, le grand physicien et astronome anglais, expose avec une parfaite clarté et une charmante bonhomie les bases de la théorie des sons et les principes de l'acoustique appliquée en particulier aux salles de concert ».

David Perrin, qui travailla en 1957 dans le labo Monod sur l'induction enzymatique, nous dit[1] : « Il aimait tellement la musique qu'il ne pouvait supporter une radio au laboratoire. Il disait que, quand il entendait de la musique, il ne pouvait plus penser. Mais pendant cette année-là, Jacob sifflait tout le temps un thème du quintette avec clarinette de Mozart, et Monod parcourait le couloir en fredonnant la partie de trombone d'un concerto de Brahms. La musique était tout de même parmi nous ».

A.-M. Pappenheimer, américain en congé sabbatique à l'Institut Pasteur en 1952-1953, précise de son côté[1] : « Un soir par semaine, nous faisions de la musique de chambre chez les Monod, 26 rue Monsieur-le-Prince ». Et Arthur Pardee écrit[1] : « Une de nos activités les plus agréables, quand nous avions quitté le laboratoire, était de faire de la musique. Jacques était un excellent violoncelliste, moi je commençais modestement à jouer de cet instrument. J'ai passé pas mal de temps à courir les luthiers de Paris à la recherche d'un violoncelle et il m'a accompagné plusieurs fois. J'ai fini par trouver un instrument

1. *Hommage à Jacques Monod* (1980).

à mon goût, que je possède et que je chéris toujours. Je me souviens de l'avoir apporté chez lui pour le comparer avec le sien, un excellent vieux violoncelle d'un brun terne et d'un aspect très ordinaire. Le mien au contraire était d'un roux bien brillant. Un de nos collègues scientifiques nous dit que nous devrions les échanger, car ces instruments, tous deux excellents, avaient une personnalité opposée à celle de leur propriétaire... »

* *
*

JACQUES MONOD ET LE SPORT

Sa légère faiblesse d'un membre inférieur (séquelle de polio), compensée par la force de ses bras et de ses mains puissantes, n'a pas empêché Jacques Monod d'être un excellent grimpeur. Comme nous l'avons vu, c'est Odette Bruhl qui lui fit prendre goût à l'escalade. Le dimanche, les parents et les deux garçons se rendaient à Fontainebleau pour faire de la varappe. Ils emmenaient avec eux les jeunes chercheurs étrangers, comme A. M. Pappenheimer, Melvin Cohn, Jeffries Wyman, pour les initier au rocher.

Mais ce fut la voile qui devint sur le tard la grande passion de Jacques Monod. Il eut d'abord un petit dériveur qu'il baptisa « Zyme », appellation dérivée de enzyme, qu'il était le seul à goûter. Puis un voilier à quille à peine plus grand, une « bonite », construit au chantier d'Antibes, avec lequel — toujours téméraire — il n'hésita pas à partir en Corse avec son fils Olivier et Lucie Mantoux. En 1963, il fit l'acquisition d'un cotre de

11 mètres 50, baptisé la « Tara » du nom d'une divinité indienne protectrice des navigateurs (nom suggéré par son épouse orientaliste).

À un journaliste, qui lui avait demandé : « Qu'est-ce que le prix Nobel a changé dans votre vie ? », il avait répondu : « de pouvoir changer mon petit voilier pour un grand cotre ». Ce n'était d'ailleurs qu'une demi-vérité : le Nobel date de 1965, alors que le voyage inaugural de la « Tara » est antérieur, Gérard Mantoux est formel sur la date (1963). Ce que permit le prix, ce fut le remboursement anticipé de l'argent emprunté pour acheter le voilier. La traversée de l'Atlantique à la Méditerranée avait été mouvementée, le souvenir en demeure gravé dans la mémoire de la famille Mantoux (Gérard, Lucie et leur fils Jacques) : une très grosse mer au large du Portugal les avait obligés à passer une nuit à « la cape », au droit de Vigo. Le maître du bord avait témoigné d'un sang-froid remarquable, se souciant de chacun, maintenant haut le moral de son équipage. Il racontera par la suite combien cette tempête dans l'océan demeurait pour lui un de ses plus beaux souvenirs d'équipée en mer.

Toutes les fois où il pouvait prendre quelques jours de vacances pour aller à Cannes, Jacques Monod en profitait pour naviguer. Il se rendit en Corse, en Sardaigne, dans les îles grecques. Sa réputation était telle que le Colonel Farrot, un ami, le consulta par lettre pour une croisière qu'il avait l'intention de faire en Grèce sur son ketch avec quatre de ses enfants. Monod lui répondit avec force détails (27 mai 1966) : il met en garde contre le « Meltem », plus dur dans les Cyclades que dans les Sporades ou le Dodécanèse, indiquant qu'il peut se lever la nuit, mais que « c'est un vent magnifique, sympathique, très franc et qui ne se lève généralement pas avec la brutalité du mistral ».

Ses coéquipiers ont tous vanté ses qualités de marin et son intrépidité. Daniel Koshland (de Berkeley), nous dit dans *L'hommage à Jacques Monod* que le risque le stimulait, il n'aimait pas la navigation dans des eaux trop tranquilles. Le défi dans tous les domaines l'exaltait. Ainsi, lors de la sortie du *Hasard et la nécessité*, Monod prévoyait la tempête qu'il allait déclencher, il s'en souciait, mais en même temps il semblait s'en réjouir : « Il aimait être approuvé par ses pairs, écrit Koshland, mais il aimait aussi être au centre d'une controverse intellectuelle animée... »

Son talent de barreur avait frappé J. Wyman, qui avait navigué avec lui dans la baie de Naples sur le voilier de Francis Crick. Il l'évoque dans *L'hommage à Jacques Monod* : « Il faisait un temps admirable, du soleil, un ciel pur, une brise légère. Peu après avoir largué les amarres, Jacques, qui était déjà un marin accompli, prit la barre, mais à la fin de la journée il la rendit à Francis qui était moins sûr de lui et qui, à l'approche du port, donna quelques signes d'inquiétude, ce qui n'avait rien d'étonnant à proximité d'un port italien encombré. Jacques amusé se tourna vers moi et me dit : « Il est évident que lorsque Jim a écrit la première phrase de *La double hélice* — qui est rappelons-le : "Jamais je n'ai vu Francis Crick d'humeur modeste" — il n'avait jamais vu Francis sur un bateau... »

De fait, Francis Crick était très humble sur un voilier, à en juger par le récit qu'il fit lui-même de ses courses en mer avec son ami Jacques (*Hommage à Jacques Monod*) : « Jacques était un excellent marin, capable de prendre en main tout seul son sloop de 11 mètres, alors que pour ma part je n'étais qu'un amateur plutôt maladroit (...) Alors que je séjournais chez lui à Cannes, il décida que nous irions en Corse. À l'aller, comme il était accompagné par un de ses fils et sa belle-fille, je n'eus pas grand chose à faire. Au retour, nous étions seuls à bord et nous mîmes le cap sur Saint-Tropez, où précisa Jacques nous arriverions à temps pour les boîtes de nuit. Après un départ agréable nous sommes parvenus dans une zone de gros temps. À mesure que le vent devenait plus fort et les vagues plus hautes, je commençais à éprouver une certaine inquiétude, en faisant néanmoins confiance à Jacques pour nous tirer d'affaire... »

Ils parvinrent à l'aube à Saint-Tropez où le mistral soufflait de plus belle. Crick se réjouissait, persuadé qu'ils attendraient là que le vent tombe. Mais, bien que son moteur ait rendu l'âme, Jacques Monod tenait à rejoindre Cannes pour le week-end. Il se fit donc remorquer par un bateau à moteur pour sortir du port. La « Tara » fut la seule embarcation à prendre le large. Poussés par le vent et les vagues, trois heures leur suffirent pour rallier Cannes sous un minimum de toile. Arrivés au port, Monod parvint à regagner uniquement à la voile son poste d'amarrage. Ce retour à grande vitesse est resté (après coup) un des meilleurs souvenirs de navigation de Crick.

Philippe Bouvard avait commenté à sa manière dans « *Le Figaro* » (20 août 1969) l'arrivée de Crick et Monod dans le port de Saint-Tropez : « Tout à l'heure, le port ressemblait à la Cour de Suède, il y avait trois prix Nobel coude à coude : François Jacob qui goûte peu les plaisirs de l'eau, étant sujet au mal de mer, était venu attendre Jacques Monod et Francis Crick (que Bouvard croit américain), Crick, tellement célèbre que les spécialistes parlent aujourd'hui de B. Crick ou A. Crick, selon qu'ils envisagent une période Before ou After Crick, c'est-à-dire avant ou après ses travaux. Comme la Méditerranée n'était guère paisible et la vie de son passager précieuse entre toutes, le professeur Monod avait attaché le professeur Crick avec un harnais de sécurité (...) J. Monod passe pour un des meilleurs navigateurs de la Côte. Hier matin, il a pris la mer sous un très fort mistral, alors que personne n'osait s'aventurer au large. Le temps était si inquiétant que pas une seule fois durant la traversée, les deux savants ne purent évoquer leurs travaux respectifs et, pendant plusieurs dizaines de milles, deux baleines aussi longues que le bateau leur ont fait escorte... »

* *
*

JACQUES MONOD, LE SÉDUCTEUR

Irving Zabin, un américain venu travailler en 1959 au labo Monod sur la perméase et l'acétylase, écrit dans *L'hommage à Jacques Monod* : « Quand et s'il le voulait, c'était un charmeur. Il laissait peu de gens indifférents, qu'il s'agisse d'hommes ou de femmes. J'ai demandé une fois à ma femme, à quoi elle attribuait son pouvoir de séduction, le fait qu'il était fort bien physiquement ayant peu de choses à voir avec la question. Elle m'a répondu : "il vous regarde droit dans les yeux" ».

Pierre Joffroy note pour sa part, le 8 mai 1971, dans *« Paris-Match »*, (Monod avait alors 61 ans) : « de beaux gestes nonchalants et des mains puissantes, un air de jeunesse et de virilité ».

L'aspect changera peu entre l'adolescent, l'homme mûr et celui qui va mourir à 66 ans. Bien que de taille relativement petite, il conservera jusqu'au bout une silhouette svelte et sportive. Le visage s'élargit un peu mais garde son modelé sculptural. La chevelure abondante et souple, légèrement ondulée, toujours impeccablement coupée et coiffée, commence à grisonner au cours de la cinquième décennie, mais sans rien perdre de son ampleur. On remarque le front haut, les arcades zygomatiques saillantes, les joues légèrement concaves, la bouche bien dessinée, le menton volontaire : un mélange d'Albert Camus et d'Humphrey Bogart[1].

Mais les photos valent mieux que toutes les descriptions. Il en existe des centaines et des centaines. On le voit à Pasadena à la tête d'un orchestre universitaire, à Paris dirigeant sa chorale, pendant la guerre avec De Lattre, puis tout au long de son activité professionnelle à l'occasion des innombrables réunions scientifiques, conférences et interviews. On le voit à Stockholm pour le Nobel, dansant affectueusement avec son épouse... Les photos les plus émouvantes sont celles des tout der-

---

1. « Un mélange d'empereur romain et d'acteur d'Hollywood », disait F. Jacob.

niers jours, prises à Cannes par Jean Hardy ou par Jerry Kosinski, alors que nul ne savait sa fin si proche. Sur la plupart des clichés, il a une cigarette aux doigts ou à la bouche, car il fumait énormément. Lorsque notre ami Mantoux lui fit des radios à la veille de Noël 1974 et que les clichés s'avérèrent normaux, il téléphona triomphalement à son frère « Philo » et lui dit : « ce n'est pas ce que tu croyais, ce n'est pas d'un cancer du poumon que je mourrai ! »

L'album familial contient les photos qu'il a prises lui-même, de sa femme, de ses fils, mais aussi des vues d'arbres, de rivières, de ciels, de mer, de montagnes. Des agrandissements de grande qualité (temples grecs, bas-reliefs) témoignant d'un sens artistique certain qu'il ne pouvait exprimer comme son père dans le dessin ou la peinture.

* *
*

UN HOMME DE CARACTÈRE

Ceux qui n'ont connu Jacques Monod qu'à travers *Le hasard et la nécessité*, peuvent l'imaginer grave et pessimiste, un matérialiste attristé et attristant. Une lectrice lui écrit : « C'est affreux ce que vous dites, Monsieur le professeur. Si c'est vrai, il n'y a plus qu'à disparaître ! » Monod lui répondit : « Vous m'avez mal lu, Madame. Je montre au contraire que l'homme par son action et par son amour de la vie transcende le hasard, crée sa dignité et sa grandeur ».

À une remarque similaire d'un autre interlocuteur déçu, il répond : « Mais la vie c'est un "happening" ! Nous n'avons qu'à nous réjouir d'être là ». Un "happening"... Il n'y a pas de mot français pour cela... Mais, comme on le comprend ! Ce qui est sans lendemain n'en est que plus précieux ! Ce n'est pas parce que le sens de la vie échappe, qu'il y a lieu de gémir avec les existentialistes. Malgré la perte de sa femme en 1972, malgré ses soucis de directeur de l'Institut, malgré sa maladie tenue cachée, Monod demeurera jusqu'au bout plein d'enthousiasme et d'énergie. Son rire éclatant était proverbial, comparable à celui de son ami Francis Crick.

Pour évoquer les exceptionnelles qualités de Jacques Monod, on peut reprendre les mots qu'il prononça lui-même, le 7 mai 1973, pour le 150e anniversaire de la naissance de Louis Pasteur.

« À quoi tient le génie ? On se contente souvent de l'attribuer à une ressource singulière, exceptionnelle et mystérieuse de l'esprit. Dans le cas de Pasteur, on voit clairement au contraire que la puissance de son génie tient à des sources multiples, aux oppositions mêmes de son intelligence, de son caractère et de son tempérament. Artiste et rêveur, il se laissait fasciner par les mirages d'une imagination toujours tendue au-delà de l'horizon de la connaissance. Ambitieux et dominateur, il ne pouvait cependant se satisfaire que de conquêtes réelles et de victoires entières. Exigeant et rigoureux envers soi-même, il se contraignait à l'austère et puritaine discipline de la méthode expérimentale (...) La modestie sied aux savants, mais pas aux idées qui l'habitent (Monod répètera souvent cet adage). Il n'est pas douteux que pour une très grande part, le génie de Pasteur, sa prodigieuse fécondité, tenaient à l'orgueilleuse confiance qu'il avait une fois pour toutes vouée à la pensée scientifique et à la méthode expérimentale ».

Ambitieux et dominateur... exigeant et rigoureux envers soi-même... Orgueilleuse confiance, foi en la pensée scientifique et la méthode expérimentale... autant de mots applicables à Jacques Monod, à son caractère, à son tempérament.

Certes, Jacques Monod avait un caractère parfois difficile. Il pouvait se montrer désagréable, cassant, et ignorer ceux qui lui déplaisaient. Il était volontiers méprisant avec les gens en place, ainsi qu'avec certains journalistes. Il avait ses antipathies, mais aussi ses sympathies, et de soudains engouements pour de nouvelles connaissances.

Mais il se révélait plein d'attentions envers les gens modestes. Il répondait à la plupart des inconnus qui sollicitaient de lui un conseil ou une aide. Et selon Madeleine Brunerie, sa secrétaire, bien souvent il joignait un chèque. Il s'attachait à répondre aux jeunes. Ainsi à Bruno, 13 ans, qui lui avait écrit le 7 janvier 1975 (son professeur lui ayant dit que Monod était « un grand savant ») : « Excusez-moi de vous déranger, mais je voudrais savoir quelle maxime conduit votre vie. Peut-être je pourrais l'appliquer quand je serai grand... » Monod répondit : « Vous me posez un problème bien difficile, car je ne pense pas qu'on puisse trouver une maxime qui, à elle seule, permette de conduire une vie entière... Tout ce que je puis vous dire, ce sont les qualités qui me paraissent les plus importantes : ce sont le courage, aussi bien moral que physique, ainsi que l'amour de la vérité, ou plutôt la haine du mensonge... Car on n'est jamais sûr de détenir la vérité, alors que le mensonge, on peut presque toujours le deviner, le découvrir et le dénoncer... ».

Ses collègues et ses disciples se sont efforcés de cerner le caractère de Jacques Monod.

Irving Zabin écrit[1] : Je me suis souvent demandé quelles qualités singulières il possédait. Il avait un air d'assurance, une prodigieuse facilité et clarté d'élocution et une grande puissance de conviction. Il était très rapide et dégageait plus vite que la plupart le point essentiel. Sa grande force était son esprit de synthèse. »

Le jugement de Martin Pollock[1] contraste quelque peu avec le précédent, son titre l'annonce sans ambages : « Un personnage passionnant mais exaspérant ». Il n'en est que plus intéressant. Il commence ainsi : « Ce livre n'a pas pour objet, je le suppose, d'être une suite de panégyriques conventionnels, ni

1. *Hommage à Jacques Monod*, 1980.

un simple hommage à un homme très remarquable. (...) Le portrait peint par une seule personne est inévitablement très subjectif et par conséquent dans une certaine mesure tendancieux. Mais, pour être authentique, il faut dans ce contexte qu'il soit sincère et complet (...) Jacques était un personnage complexe, en qui se combinaient des dons exceptionnels et une grande ambition, une suprême confiance en ses aptitudes (...) Il était presque mon contemporain[1] et nous étions en quelque sorte des rivaux dans le domaine de l'adaptation enzymatique. Aussi ne pouvais-je m'empêcher d'être un peu jaloux de son intelligence supérieure et de l'aisance avec laquelle il se faisait écouter dans une discussion. J'avais presque toujours l'impression d'être à sa traîne, et je l'étais effectivement. (...) Une de ses occupations préférées était d'interpréter ou de réinterpréter les travaux des autres, d'une façon plus significative, pensait-il, qu'ils n'étaient capables de le faire, ou ne l'avaient fait eux-mêmes... Il pouvait être exaspérant en public et beaucoup le taxaient d'arrogance, d'élitisme ou de condescendance. »

André Lwoff fait une synthèse de l'ensemble des opinions exprimées dans *L'hommage à Jacques Monod* : « Les deux facettes de la personnalité de Jacques sont bien mises en évidence ; d'un côté un homme d'une extrême courtoisie et plein de charme, montrant à ses amis beaucoup de chaleur ; de l'autre côté un homme incapable d'accepter en public la moindre opposition à ses vues, qui aimait imposer ses idées et ses décisions, qui aimait dominer, un homme conscient de son intelligence et de ses dons, et désireux de manifester son autorité. (...) Ces défauts étaient bien peu de chose au regard de l'œuvre, servie par une implacable logique déductive, sans que le sens critique ne bride jamais, ni l'imagination, ni l'audace... »

* *
*

1. Monod avait cinq ans de plus que Pollock.

LES PROCHES AMIS

Melvin Cohn fut sans doute, parmi les disciples étrangers, le plus proche de Monod. Venu des États-Unis en 1948 pour un an, il restera au total sept années dans le labo Monod. Une fois Mel parti à Stanford, Jacques et lui échangeront 165 lettres ! Les lettres de Melvin, écrites à la main et en français, débutent par : « Mon cher Jacques ». Celles de Jacques commencent par : « Mon vieux Mel ».

Ces missives ont surtout trait à leurs activités scientifiques respectives. Toutefois, une lettre de Jacques, datée du 21 avril 1958, se détache du lot :
« Cher vieux Mel, Je veux t'écrire depuis plusieurs jours, mais j'ai été arrêté par l'horrible malheur, dont tu as peut-être déjà entendu parler, qui a frappé notre ami Arthur Pardee. En rentrant de vacances avec sa famille, c'est-à-dire avec sa femme et ses trois enfants, il a heurté de plein fouet sur la route de Fontainebleau un camion à l'arrêt. Un de ses enfants a été tué, un charmant gosse de cinq ans. Cette horrible histoire nous a tous profondément bouleversés, et moi particulièrement, d'autant que j'ai beaucoup d'amitié personnelle pour Pardee qui est un garçon cultivé et délicat, plein des meilleures qualités d'intelligence et de cœur. Sa femme et lui sont pleins de courage, il s'est déjà remis au travail. » (Ce que Monod ne dit pas, c'est qu'il s'est occupé de tous les problèmes matériels, assurance, obsèques...).

À partir de 1961, débordés de travail l'un comme l'autre, leur correspondance se raréfie. M. Cohn quitte Stanford pour le « Salk Institute for Biological Studies », où ils auront l'occasion de se revoir chaque année, puisque (sur la proposition de Mel) Monod fera partie du conseil scientifique.

Jacques Monod et **Francis Crick** s'estimaient mutuellement, ils étaient de véritables amis, et leur amitié ne se limitait pas à des équipées en mer.

Dans *L'hommage à Jacques Monod*, Francis écrit : « Jacques était de quelques années mon aîné[1], mais son allure juvénile et notre étroite amitié me le faisaient considérer comme mon contemporain. Bien qu'il fût de taille plutôt modeste, il ne me paraissait pas beaucoup plus petit que moi. Son charme naturel et sa grande courtoisie n'avaient pas le côté un peu apprêté qu'on trouve parfois chez les Français de son milieu. La vigueur et la clarté de sa pensée pouvaient le rendre formidable, parfois même agressif, mais, en ce qui me concerne, il ne m'a jamais donné cette impression. En fait, personne n'était plus sociable que lui, et rien n'était plus agréable qu'une soirée passée en sa compagnie. Naviguer avec lui ne l'était pas moins — ce qu'on ne peut dire de tout le monde. Nous n'étions pas intimes au point de parler de nos problèmes personnels. Notre amitié n'était pas celle d'hommes unis par des liens de jeunesse. Nous la devions, me semble-t-il, à une admiration réfléchie et à une affectueuse et réciproque acceptation des défauts de l'autre. »

Les deux biologistes ont échangé un important courrier (22 lettres en anglais de chaque côté). Crick avait dit un jour à la télévision britannique : « La politesse en science est le poison de toute bonne collaboration. L'âme de la collaboration est parfaite candeur, et rudesse s'il le faut. Un bon scientifique apprécie les critiques, c'est la mesure de l'amitié. ». De fait, ni l'un ni l'autre ne prennent des gants dans leur correspondance. Ainsi, en octobre 1965 : « Dear Jacques, be reasonable ! », écrit Francis au sujet des polymères et tétramères, en l'accusant de se montrer « unfair » à l'égard du monomère. »

« Dear Francis, répond Jacques, be reasonable ! Si je suis injuste pour le monomère, vous l'êtes pour l'oligomère... »

Le 1er novembre 1972, Crick envoie à Jacques Monod copie d'un article qu'il vient de publier avec L. E. Orgel, intitulé

---

1. Crick est né en 1916 à Londres, il n'est arrivé à Cambridge qu'en 1947.

« Directed Panspermia »[1]. Hypothèse très éloignée des conceptions de Monod, qui considérait une vie extra-terrestre aussi improbable que le fut son émergence sur notre planète.

Salvador Luria, Américain d'origine italienne (spécialiste des bactériophages, pionnier de la biologie moléculaire, prix Nobel de physiologie en 1969, maître de Jim Watson et d'Elie Wollman) ressemble par bien des côtés à Jacques Monod. Possédant une large culture européenne, il dirige des séminaires consacrés à Diderot et à Camus. Il s'interroge sur la place de l'homme parmi les êtres vivants. Il explore l'intelligence et le langage, l'inné et l'acquis, les valeurs éthiques, la vie en société. La parenté de pensée entre les deux biologistes s'exprime dans la préface écrite par Monod pour le livre de Luria intitulé : *La vie, expérience inachevée* (Armand Collin, 1975) : « Italien de naissance, Américain d'adoption, socialiste, homme d'engagement autant que de pensée, nourri de culture contemporaine aussi bien que classique, Luria est un humaniste au sens le plus riche du terme. »

De son côté, Luria participe à *L'hommage à Jacques Monod* de 1980. Citons-le : « Nous avions en commun un point de vue existentialiste et une méfiance et aversion intenses pour les allégeances. (...) Jacques Monod affirmait qu'une philosophie existentielle est la seule qui convienne à des scientifiques. Plus tard quand j'ai passé un an à l'Institut Pasteur, et plus tard encore quand j'ai fait des conférences au Collège de France, nos conversations du samedi matin ont souvent porté sur les rapports entre la science et la philosophie existentielle. Nous soutenions que notre fidélité à la connaissance rationnelle était

---

1. Leur hypothèse est que des spores bactériennes seraient parvenues sur terre, véhiculées par des météorites provenant d'au-delà du système solaire. Hypothèse peu vraisemblable en raison des irradiations auxquelles ces spores seraient exposées pendant ce long voyage et du brutal échauffement qui se produirait lors de l'entrée dans l'atmosphère terrestre, d'où les chances quasi-nulles pour que les météorites arrivant sur terre proviennent d'au-delà de notre système solaire.

un choix qu'il fallait proclamer avec énergie, mais n'était pas une valeur absolue de l'esprit. Quand Jacques, dans *Le hasard et la nécessité*, a traduit cette idée de fidélité par "L'éthique de la connaissance", cette formule a donné lieu à une certaine confusion. L'affirmation que la fidélité à la connaissance rationnelle était un choix éthique a été interprétée à tort par certains critiques comme voulant dire que la connaissance rationnelle était un principe éthique absolu ».

Jacques Monod était très proche d'**André Lwoff**, qui avait huit ans de plus que lui. Il était le seul dans le service à l'appeler par son prénom. Il y avait entre eux de grandes communautés de goût qui ne se limitaient pas à la biologie : Lwoff aimait la musique et se dévouait aux mêmes causes humanitaires.

Jacques Monod était reconnaissant à André Lwoff de l'avoir guidé dans ses choix essentiels : culture des bactéries (plutôt que d'infusoires) et orientation vers « l'induction enzymatique ». Il lui était redevable de l'asile à Pasteur au moment de la Résistance et par la suite de son engagement à l'Institut comme chef de laboratoire. Son affection et sa complicité avec « le patron », dont il appréciait la culture et la compétence, s'exprimèrent dans l'allocution qu'il prononça, en tant que le plus ancien disciple, à l'occasion du Jubilé d'André Lwoff, le 1er octobre 1971. En lui remettant, un livre d'hommages de ses élèves, il lui dit :
« Je me rappelle trop bien l'expression caractéristique de souffrance intense qui se peint sur votre visage lorsque vous avez à subir un laïus pompeux, plein de fleurs de rhétorique depuis longtemps fanées. Voilà qui limite mes excursions dans le beau style (...) ce qui manque à ce volume, c'est un article de vous, il serait bien meilleur ! Tel qu'il est, il apporte cependant un témoignage, celui de la diversité et de l'étendue de votre influence, reflet de la richesse, j'oserai même dire de l'éclectisme de votre personnalité (...) Il n'y a qu'à voir les qualificatifs variés dont se servent les auteurs pour parler de vous : scru-

puleux, modeste, réservé, angélique, mystérieux, sévère, généreux, secret et même épiscopal ! Vous avez le don d'attirer la sympathie et la confiance, mais aussi celui de terroriser, terreur dont vous n'êtes pas toujours conscient d'ailleurs ». Évoquant « le grenier », Monod ajoute : « Vous avez créé un foyer où régnait le *"Gai Savoir"* ; pour cela il ne fallait pas seulement votre talent d'expérimentateur, votre immense érudition biologique, votre rigueur critique, il fallait aussi l'amitié, la générosité ».

* *
*

LOUIS RAPKINE

Je m'arrêterai un peu plus longuement sur celui qui a exercé probablement la plus grande influence sur Jacques Monod et qui fut le plus cher à son cœur. Son admiration pour Louis Rapkine remonte à Roscoff : à travers son aîné de six ans, Monod découvre à l'âge de 21 ans une conception toute neuve de la chimie cellulaire. Leurs relations deviennent étroites dès la fin de la guerre (en 1946), lorsque Rapkine est nommé chef du service de Biologie cellulaire à l'Institut Pasteur. Leur commun intérêt pour la biochimie et les problèmes humanitaires, un même goût pour la musique, les rendent très proches.

Dans l'*Hommage à Louis Rapkine*, publié par « The Orpheus Press », en 1988, Philippe Monod viendra témoigner à la place de son frère (12 ans après sa disparition) et dira : « Jacques m'a dit souvent combien l'influence de son aîné, dont il admirait à la fois la rigueur et l'ouverture d'esprit, avait été déterminante pour sa formation scientifique ».

Peu d'hommes, il est vrai, marquèrent aussi profondément leur époque, que L. Rapkine — tant en France qu'à l'étranger. C'est pendant la guerre, à travers son action en faveur des scientifiques en danger, que se manifestèrent pleinement son altruisme et son esprit de sacrifice. Grâce à la « Mission scientifique française » qu'il avait organisée à Londres, de nombreux chercheurs israélites purent échapper à la déportation : il obtint pour eux des visas anglais ou américains, il accueillit et hébergea lui-même nombre de savants européens pourchassés par la Gestapo.

Après la guerre son influence auprès de la Fondation Rockefeller sera décisive pour l'appui financier accordé à l'Institut Pasteur. Il arrivait, par sa chaleur persuasive, à obtenir pour d'autres ce qu'il n'aurait jamais sollicité pour lui-même. L'institut Pasteur créera pour lui un poste de chef de service et le gouvernement français lui décernera la Légion d'Honneur pour sa fidélité à sa patrie d'élection (on offrait à cet émigré d'origine russe de travailler aux États-Unis).

Parmi les hommages rendus à Rapkine, après sa mort prématurée à 44 ans (en 1948), citons les paroles de Jacques Monod : « Sachons garder avec reconnaissance le souvenir de cette noble figure, en qui se trouvaient alliées et se manifestaient, dans la pensée comme dans l'action, les plus belles qualités humaines. D'autres souligneront combien est remarquable tout ce qu'un immigré d'humble extraction, sans argent et sans titres, a réussi à obtenir des plus hautes autorités du Canada, de l'Angleterre et des États-Unis, par le seul ascendant de son intelligence, de son enthousiasme et de sa passion ». François Gros écrit pour sa part : « Rarement, il me semble, sauf peut-être chez Monod, je n'ai perçu un tel tiraillement entre la connaissance de la fragilité du vivant et l'espoir d'en asseoir les propriétés et le devenir sur des règles strictes ». Et Pierre Auger : « Louis Rapkine entrevoyait une raison très profonde à la similitude entre l'écoulement irréversible du temps et l'accroissement également à sens unique de l'entropie, de l'entropie changée de signe ».

Monod donnera en 1954, au « Collège philosophique », une conférence sur la théorie esthétique de Louis Rapkine ; il l'intitulera : *L'art comme antidote contre l'entropie et le temps qui passe*[1]. Rapkine était hanté, en effet, par l'irréversibilité du temps, ainsi qu'en témoigne la lettre qu'il avait adressée le 8 avril 1928, à sa femme :

« Chère Sarah[2], j'aimerais te dire certaines idées qui me sont venues très fréquemment au cours de l'année, avec une intensité particulièrement vivace. Il s'agit du facteur "temps". J'éprouve des sentiments très divers à ce sujet. Le temps, tel qu'il nous est fourni par les moyens mécaniques (montres, horloges) a commencé à ne jouer dans mon esprit qu'un rôle absurde. Je semble éprouver de plus en plus le temps en tant que dimension. Il me paraît différent en ce qui me concerne des trois autres dimensions de l'espace. Un phénomène se déroulant dans l'espace est réversible. Mais un phénomène n'est jamais réversible en matière de temps. Tout se produit en fonction du temps, mais il n'y a jamais rien de réversible lorsque le temps est impliqué. Cette irréversibilité a une relation immédiate avec la loi de dégradation de l'énergie (dégradation pour autant que nous soyons concernés, puisque en réalité rien n'est jamais détruit), et ceci doit être d'une grande importance pour tous les êtres vivants. Sarah, tu ne peux imaginer combien je bous d'impatience d'être à même de traiter ces considérations mathématiquement, ce qui pour un esprit comme le mien représente la seule façon adéquate d'arriver à une compréhension solide de ce mystérieux élément qu'est le temps. Très chère, je ne peux te retracer l'origine de ces idées. Je t'ai déjà entretenue de l'espace et du temps l'été dernier. Mais cet hiver, j'ai été profondément hanté par ces idées-là. La mort de l'un de mes professeurs, ici

1. Rapkine s'inquiétait de l'incompatibilité de sa conception avec celle de la relativité restreinte d'Einstein, où l'espace, la vitesse et le temps sont tous relatifs.

2. Son épouse, Sarah, qui travaillait à ses côtés, occupera après sa mort un poste administratif à l'Institut Pasteur.

à Paris, à l'âge de 76 ans, au cours de l'hiver dernier, a encore accru cette intensité. J'ai vu mourir cet homme. Je l'ai vu expirer, et cela a produit un effet considérable en moi. Pendant une semaine après cet événement, j'ai vécu comme dans un rêve. J'ai été essentiellement préoccupé par cette pensée à propos du temps, son irréversibilité, sa relation avec l'énergétique et la thermodynamique en général, la question de savoir s'il s'agit d'un élément subjectif, ou d'un élément qui se situe en dehors de nous-même. »

Et le temps, en le dérobant à tous ceux — très nombreux — qui l'aimaient, a eu prématurément raison de Louis Rapkine.

* *
*

RÉSISTANCE ET ACTIVITÉ MILITAIRE

Jacques Monod est réformé (réforme n° 2), en raison de légères séquelles de poliomyélite. Il boite imperceptiblement, malgré une talonnette. En 1938, alors qu'il est assistant à la Faculté des Sciences, il est placé dans le cadre de réserve avec pour affectation, en cas de mobilisation, le Laboratoire de Physiologie de la Sorbonne.

Il est mobilisé en 16 avril 1940, comme deuxième classe, en tant que « militaire sur le pied de guerre » (c'est la désignation du bureau de recrutement...) et démobilisé le 29 juillet 1940.

Dès octobre 1940, Jacques Monod s'affilie à un groupe de résistance. Voici comment il décrira lui-même avec modestie son action dans la Résistance (lettre du 2 juin 1970 à Mme Geneviève Thieuleux, Conservateur du Centre Jean Moulin à Bordeaux) :

« Mon rôle dans la Résistance a en fait été très modeste. Je le résume d'après des souvenirs qui pour moi sont devenus assez vagues (...) Mes tout premiers contacts avec des organisations de Résistance datent de l'hiver 1940, où je me trouvais en rapport avec le groupe Nordmann. Cela ne devait durer que quelques semaines et se borner à servir de boîte aux lettres pour certains des premiers tracts d'une résistance embryonnaire qui se cherchait encore. Après l'arrestation de Nordmann, qui se produisit très tôt, la police française perquisitionna chez moi et je fus interrogé par la Gestapo qui avait trouvé mon nom sur des carnets. Je pus fournir des alibis et ne fus pas autrement inquiété.

Vers la fin de 1941, j'ai pris contact avec une organisation universitaire d'inspiration communiste dont j'ai oublié jusqu'au nom. Pendant toute l'année 1942 et le début de 1943, j'ai participé à leur action qui se bornait alors à l'organisation de recrutement. Avec quelques camarades, nous rédigions et polycopions dans les recoins du vieux laboratoire que j'occupais alors à la Sorbonne, un « Journal », plus ou moins périodique, dont j'ai également oublié le nom.

Vers la fin de 1943 (septembre ou octobre), j'ai été contacté par l'organisation militaire des FTP (Francs-Tireurs et Partisans), plus précisément par son « Chef d'état-major » de l'époque : Marcel Prenant, professeur à la Sorbonne, qui devait devenir plus tard membre du Comité central du Parti, pour en être exclu par la suite (Prenant allait être arrêté peu de temps après mon adhésion aux FTP et déporté). Aux FTP, mon activité principale au sein d'un petit groupe consistait à recruter des adhérents ayant au moins un commencement de formation militaire pour l'encadrement des groupes d'action.

Cependant, je conservais bien entendu des relations avec mon frère Philippe Monod qui appartenait à l'état-major des MUR (Mouvements Unis de Résistance). Il était en rapport avec des agents américains et comme le manque d'armes se faisait cruellement sentir aux FTP, je proposai d'effectuer une mission en

Suisse, possibilité qui m'était ouverte par mon frère et son chef immédiat (Ghislain de Bénouville). Cette mission devait avoir un succès relatif. Des armes nous furent promises, ainsi que des indicatifs pour les parachutages. Finalement il n'y eut pas de parachutages, parce que je ne pus jamais obtenir de mes chefs FTP les indications nécessaires. J'attribue cette carence à leur méfiance instinctive et irrépressible de toute aide « politiquement impure ». Il leur paraissait impossible de croire que ce n'était pas une guet-apens et, dès cette époque, j'étais assez mal vu pour avoir affirmé que je me sentais assuré de la bonne foi de mes interlocuteurs.

Au début de 1944, nouveau tournant, j'étais délégué par les FTP à l'état-major national des FFI qui venait de se constituer sous l'autorité du COMAC[1]. J'étais le chef du 3e Bureau (Opérations) dépendant de Joinville, qui en principe représentait les MUR ; c'était en réalité un « sous-marin du Parti, comme je devais rapidement m'en rendre compte, encore que l'on ne m'eût rien dit... Je ne me faisais guère d'illusion sur la possibilité d'étudier et de commander des opérations à l'échelon national et je pensais, avant même d'entrer en activité comme chef de ce 3e Bureau que l'état-major des FFI jouerait un rôle plus symbolique que militairement efficace. C'est pourquoi, devant à cette occasion changer de pseudonyme, je choisis celui de « Malivert », personnage principal du célèbre roman de Stendhal : « Armance ». Personne ne comprit l'allusion (la clé du roman en question est que le héros, Octave Malivert, est impuissant). Le jeu n'en était pas moins risqué, les organisations les plus visées et les plus souvent décapitées par la Gestapo étaient celles qui réunissaient des délégués de l'ensemble de la Résistance. Il me fallait à tout prix des communications. J'étais en rapport avec Rol, mais j'avais beau être le délégué FTP de l'État-major national, je n'avais aucune influence sur les opérations des FTP.

1. Comité d'Action militaire.

(...) Quelques épisodes me restent dans la mémoire, dont une réunion orageuse dans un appartement du XVIe arrondissement avec le délégué militaire du Général de Gaulle qui était alors M. Chaban-Delmas, succédant à « Algèbre » (le Général Ely) et à « Polygone » (M. Bourgès-Maunoury). À mon avis, la seule organisation que je pus à l'époque mettre sur pied, et qui rendit d'incontestables services, était un réseau de renseignements monté par mon ami Youngelson (aujourd'hui ingénieur en chef des Ponts et Chaussées). Ce réseau fournit des renseignements très nombreux et très précis que je pus transmettre à Londres, grâce à une chaîne passant par la Suisse mise à ma disposition par Bénouville.
Au lendemain de la libération de Paris, au cours de laquelle je tentais de me rendre aussi utile que possible comme liaison entre l'état-major FFI et l'état-major de Rol installé dans les égouts de la place Denfert-Rochereau, j'ai été envoyé en mission auprès du Général de Lattre de Tassigny pour l'informer des problèmes posés par l'intégration des maquis à la Première Armée. Le Général de Lattre me demanda alors d'entrer dans son État-major pour m'occuper de façon permanente de ces problèmes, ce que j'acceptai. Je devais y rester jusqu'au mois de juillet 1945. Cette histoire n'est pas très intéressante, je regrette de n'avoir rien de plus spectaculaire à vous offrir.
P.S. Pour mémoire : je suis titulaire de la Croix de Guerre et Chevalier de la Légion d'Honneur à titre militaire pour faits de résistance ».

Il dédaigne de mentionner ses grades successifs : Sous-lieutenant (1.06.41), Lieutenant (1.06.42), Capitaine (1.06.43), Chef de Bataillon (1.06.44) ; et de reproduire la citation (décret du 16.10.45) lui valant la Légion d'Honneur, comportant l'attribution de la Croix de Guerre avec palme : « Entré en Résistance, dès octobre 1940. A procédé à la distribution de tracts, a été arrêté puis relâché par la Gestapo. N'en a pas moins continué son activité, mettant sur pied une organisation pour recruter des étudiants au profit des FFI. Passé dans la clandestinité à la suite de plusieurs arrestations parmi ses collaborateurs immédiats. Par la suite, chargé de missions en Suisse, puis Chef du 3e Bureau de l'État-major national des FFI. A participé aux combats de libération de Paris et montré en toutes circonstances des qualités de courage, de sang-froid et de patriotisme ».

Certes, il n'a pas participé à de grands combats, mais il a échappé à plusieurs reprises à l'arrestation, qui à cette époque signifiait la déportation dont l'issue était généralement fatale. D'ailleurs, Nordmann sera fusillé en 1942 et le 14 février 1944, la Gestapo arrêtera Raymond Croland, chef du réseau « Vélites ». Comme Monod était connu de ce dernier sous le pseudonyme de Marchal, il jugea plus prudent de ne pas retourner à la Sorbonne et choisit d'aller discrètement travailler à Pasteur chez Lwoff.

Horace Judson nous fournit sur cette période de vie clandestine une information supplémentaire qu'il tenait de Geneviève Noufflard, laquelle servit de secrétaire à Jacques Monod lorsqu'il devint chef du 3e bureau des FFI : G. Noufflard avait loué un studio d'artiste à Montparnasse, où Monod avait organisé un service sommaire de communications, avec radio et cartes. Elle s'était mise à la peinture et avait rempli les murs de toiles et de dessins. Sur un chevalet un portrait inachevé de Monod devait servir d'alibi en cas d'irruption de la police.

Le jour de l'entrée dans Paris de la Division Leclerc, Monod fut chargé par Rol-Tanguy de prendre possession au nom de la Résistance du Ministère de la Guerre. Avec Geneviève Noufflard, il se glissa à la tombée de la nuit jusqu'à l'Hôtel de Brienne, où il fit prisonniers sans opposition les généraux aux ordres de Pétain qui s'y trouvaient.

En raison de son appartenance aux FTP et de ses responsabilités à l'État-major des FFI, Jacques Monod sera par la suite affecté à l'État-major du général De Lattre, avec la mission de négocier et organiser l'intégration des forces de la Résistance au sein de la Première Armée.

Le général De Lattre apprécia grandement l'intelligence et l'habileté avec lesquelles Jacques Monod s'acquitta de sa tâche. Gérard Mantoux m'a raconté que, lors d'une réception donnée au Cercle militaire, De Lattre avait confié à Odette Monod dans une embrasure de fenêtre : « Madame, prenez-le comme vous voudrez, mais votre mari... je l'aime ! ».

* *
*

CHOIX POLITIQUES

Dans une interview accordée le 2 novembre 1970 à Pierre Bénichou du *Nouvel Observateur*, Jacques Monod précise sa position philosophique à l'égard du marxisme :

« Mon divorce avec le marxisme tient en peu de mots : le matérialisme dialectique est incompatible avec la science. Il consiste en une interprétation subjective de la nature, inacceptable pour un homme de science. Le matérialisme dialectique est une idée totalisante — je ne dis pas totalitaire — qui prétend tout embrasser, ce qui est incompatible avec l'attitude scientifique. On retrouve le nœud du problème dans le fameux renversement de la dialectique hégélienne par Marx. Dans une philosophie purement idéaliste, comme celle de Hegel, l'existence authentique n'appartient qu'à l'esprit, il est donc assez naturel de rechercher les lois de l'univers lui-même dans notre notion subjective du mouvement de la pensée. Les fameuses lois de la dialectique ne sont pas autre chose que l'expression de contradictions subjectives. Renverser cette dialectique et dire :

elle n'est pas dans l'esprit, elle est dans la nature, et l'esprit ne fait que refléter le mouvement de la nature, c'est faire ce que j'appelle (j'ai inventé l'expression) la projection animiste ; c'est faire l'hypothèse que les lois de la nature peuvent et doivent s'expliquer de la même manière que nous nous expliquons à nous-mêmes notre propre activité subjective et projective. Projeter ce type d'activité dans la nature elle-même, c'est rompre avec ce que je considère comme le postulat fondamental de la science : la nature est objective et non projective ».

— « Mais, dit Pierre Bénichou (P.B.), le matérialisme dialectique n'est qu'un des aspects du marxisme et beaucoup de communistes vous abandonneraient volontiers les ouvrages théoriques que vous rejetez, par exemple *l'Anti-Dühring* de Engels, ou *Matérialisme et empirocriticisme* de Lénine. »

J. M. — « Croyez-vous ? Un très petit nombre d'entre eux à la rigueur, et qui dans les pays de l'Est n'auraient pas le droit d'exposer leurs vues, moins encore de les enseigner... »

P. B. — « Vous ne pouvez nier l'existence d'un fort courant marxiste contestataire qui ne se préoccupe que de l'aspect politique du marxisme, qui n'en retient que la critique fondamentale d'une société basée sur le profit, la concurrence et la lutte des classes... »

J. M. — « Mais c'est là qu'ils ont tort. Si le marxisme a eu un tel pouvoir sur les esprits, c'est parce qu'il apparaissait comme la *philosophie naturelle*, où les lois de la société et celles de la nature ne faisaient qu'un ».

P. B. — « Vous avez pourtant été communiste... »

J. M. — « Je l'ai été comme beaucoup d'hommes de science. J'ai cru que le marxisme était une attitude scientifique apportée à l'étude des problèmes politiques et sociaux. J'ai été du Parti de 1943 à 1945, c'est-à-dire au parti communiste clandestin. En fait, je n'ai jamais adhéré au parti communiste redevenu officiel. J'ai été et je suis encore socialiste. Il n'y a à garder du marxisme que l'analyse économique (...) La science, bien entendu, n'est pas juge des valeurs elles-mêmes, mais elle peut être juge des sources, ou des bases, que prétendent se donner des systèmes de valeurs traditionnels, de nature philosophique, religieuse, ou politique ».

P. B. — « Mais comment fonder un nouveau socialisme ? »

J. M. — « Ce n'est pas en rejetant les valeurs morales traditionnelles, comme le voudraient certains jeunes. Même si leurs bases étaient fausses, elles ont une utilité fonctionnelle. Il reste à constituer un tel système sans poser à la base un postulat incompatible avec la science, c'est ce que j'ai essayé de faire dans les dernières pages de mon livre. »

Rappelons donc ce qu'il a écrit dans les toutes dernières pages du *Hasard et la nécessité* : « Ce grand rêve du XIXe siècle (le socialisme), vit toujours dans l'âme des jeunes avec une intensité douloureuse. Douloureuse à cause des trahisons dont cet idéal a souffert et des crimes commis en son nom (...). Plus encore peut-être que les autres animismes, le matérialisme historique repose sur une confusion totale des catégories de valeurs et de connaissances. C'est cette confusion même qui lui permet dans un discours profondément inauthentique, de proclamer qu'il a établi "scientifiquement" les lois de l'histoire, auxquelles l'homme n'aurait d'autre recours, ni d'autre devoir, que d'obéir, s'il ne veut entrer dans le néant. Une fois pour toutes, il faut renoncer à cette illusion, qui n'est que puérile lorsqu'elle n'est pas mortelle. (...) Le seul espoir du socialisme n'est pas dans une révision de l'idéologie qui le domine depuis plus d'un siècle, mais dans l'abandon total de cette idéologie. (...) Où donc retrouver alors la source de vérité et l'inspiration morale d'un humanisme socialiste réellement scientifique, sinon dans la science elle-même, dans l'éthique qui fonde la connaissance, en faisant d'elle, par libre choix, la valeur suprême, mesure et garant de toutes les autres valeurs. (...) C'est peut-être une utopie, mais ce n'est pas un rêve incohérent ».

Jacques Monod va répéter quelques jours plus tard à Jacques Chancel (« Radioscopie » du 18 novembre 1970), comment il avait été conduit à adhérer en 1943 au parti communiste : surtout par solidarité avec l'action des FTP au sein de la Résistance. Lorsqu'en 1945 le Parti s'est reconstitué, il s'était donné quelques mois de réflexion avant de confirmer ou d'annuler son adhésion : « pendant ces quelques mois, dit-il, afin d'être fidèle à l'une des recommandations générales faites aux membres du parti, je lisais *L'Humanité* tous les matins. Au bout de six mois, c'était fini, cette lecture m'avait suffi !... »

J. Chancel lui demanda comment il expliquait alors que de nombreux scientifiques aient été attirés par le marxisme ? « C'est, répondit Monod, parce qu'ils ont cru à l'affirmation des marxistes, selon laquelle leur doctrine politique était fondée sur une étude scientifique de la société, mais, lorsqu'on prend la peine de lire ces textes, on se rend compte que cette prétention repose sur un malentendu profond et qu'en réalité la philosophie fondamentale du marxisme, le matérialisme dialectique, est totalement hors de la science. C'est plutôt une métaphysique ! »

Le rejet du marxisme par J. Monod est donc antérieur à ce que l'on a appelé : « l'affaire Lyssenko », qui se situe en 1948. Celle-ci ne fit que renforcer son opposition et lui donna l'occasion de l'exprimer avec éclat.

Il est bon après un demi-siècle de rappeler ce que fut « l'affaire Lyssenko ». En 1948, l'Académie Soviétique des Sciences agricoles décida de destituer de ses fonctions le Pr Vavilov (président-fondateur de cette académie), et de destituer ou déplacer tout autre partisan de la génétique classique, jugée bourgeoise et décadente. Il était reproché à Vavilov et à ses adeptes, de refuser la doctrine de Mitchourine, fondée sur le matérialisme dialectique (établissant l'adaptation des organismes vivants à leur environnement et l'hérédité de ces caractères acquis). Cette stupéfiante décision était prise à l'instigation de Lyssenko, généticien russe spécialisé dans le domaine agricole, devenu Vice-Président du Praesidum du Soviet Suprême.

Les réactions des généticiens occidentaux d'obédience communiste furent modestes. Si Hermann Muller[1] donna sa démission de membre de l'Académie des Sciences soviétique, et si le Britannique J. B. Haldane rompit avec le Parti, la plupart s'abstinrent d'intervenir. En France, le Pr Marcel Prenant, membre du Comité central du PCF, tenta de justifier la décision soviétique en l'attribuant à un refus de consacrer des crédits à une branche de la génétique considérée comme improductive...

Jacques Monod fut le seul à condamner publiquement l'action de Lyssenko. Il écrivit dans le journal *Combat* (15 septembre 1948) : « Que de telles aberrations puissent naître dans le cerveau d'un académicien de l'URSS est surprenant, mais le plus surprenant est qu'il ait pu acquérir assez d'influence et de pouvoir pour subjuguer ses collègues, obtenir l'appui des médias, l'approbation du Comité Central, et de Staline en personne, au point qu'aujourd'hui la vérité dérisoire de Lyssenko soit devenue la vérité de l'État, et tout ce qui s'en écarte irréversiblement banni de la science soviétique, ses opposants chassés, cloués au pilori, pratiquement accusés de trahison. (...) La *Pravda* explique que la science biologique soviétique est la plus avancée du monde et que la tendance matérialiste mitchourienne est en biologie la seule scientifique, car basée sur le matérialisme dialectique et la transformation révolutionnaire du monde dans l'intérêt du peuple... La victoire de Lyssenko n'est pas scientifique, elle est idéologique, politique, dogmatique. »

Et Monod conclut ainsi son article : « Ce qui ressort le plus clairement de cette lamentable affaire, c'est la mortelle déchéance dans laquelle est tombée en URSS la pensée socialiste. Il est évident que rien n'eût été possible si les notions les plus élémentaires du bon sens, de la pensée rationnelle, de la vérité

1. H. Muller avait travaillé dans l'Institut de Génétique de Moscou en 1937, avant de se joindre à une unité médicale pendant la guerre civile d'Espagne et de partir pour les États-Unis en 1940.

objective, ne s'étaient totalement corrompues chez les dirigeants du régime. On ne voit pas comment échapper à cette conclusion, si grave pour quiconque a pendant longtemps mis tout son espoir dans l'avènement du socialisme en Russie comme première étape de son triomphe dans le monde. »

Deux décennies plus tard, Monod rédigera la préface de la traduction française du livre de Jaurès Medvedev, intitulé *Grandeur et chute de Lyssenko* (Gallimard, 1971). Cela lui fournira l'occasion de pourfendre à nouveau le communisme soviétique. Medvedev apportait en effet des précisions édifiantes sur l'affaire, tel le compte rendu de la réunion du 25 mai 1930 du Praesidium de l'Académie Lénine des Sciences agronomiques, véritable acte d'accusation à l'encontre de N. I. Vavilov, président fondateur de cette Académie (voir *Annexe 6*).

Vavilov sera appréhendé par la police en août 1940, et condamné à mort le 9 juillet 1941 par le Collège militaire composé de trois personnes (après seulement quelques minutes de délibération). La sentence fut commuée par la suite en une peine de dix ans de prison, mais Vavilov succombera en 1952, des suites de sa détention, à Saratov en Asie Centrale.

Lorsque Medvedev sera à son tour arrêté et interné dans un hôpital psychiatrique (en 1969), pour avoir publié aux États-Unis sans autorisation son ouvrage sur Lyssenko, Jacques Monod rédigera une pétition pour réclamer sa libération[1]. En voici l'essentiel :

« Que la persécution idéologique se couvre aujourd'hui d'un alibi médical, en l'espèce psychiatrique, signifie à nos yeux que les responsables en ont honte, que l'activité de Medvedev ne tombe pas sous le coup de la loi, qu'il s'agit d'un étouffement arbitraire ; technique plus sûre peut-être, mais plus odieuse encore que celle d'une inculpation et d'un procès. Les soussignés en appellent à la conscience de tous les hommes de science.

1. Medvedev sera libéré en 1973 et pourra partir en Angleterre.

Qu'ils fassent par tous les moyens en leur pouvoir connaître leur réprobation unanime. C'est à eux, avant tous autres, qu'il appartient de défendre la Science elle-même, en la personne de tout savant enfermé et bâillonné pour ses idées. »

En novembre 1966, J. Monod reçut une lettre de G. Fillioud lui demandant, de la part de F. Mitterrand, de participer à un film devant sortir en janvier 1967 : « film destiné à présenter, expliquer et éclairer le programme de la Gauche autour des options défendues par François Mitterrand au cours de sa campagne présidentielle. Celui-ci tient beaucoup à votre concours pour traiter sous forme d'interview l'important problème de la Recherche scientifique. »

Voici la réponse de Monod :

« Monsieur,
Je vous remercie de votre lettre et de votre requête qui me fait honneur. Je regrette cependant de ne pouvoir accepter pour deux raisons : (1) Mes occupations, plus accablantes que jamais, ne me permettent absolument pas de distraire le temps nécessaire au tournage d'un film. (2) Je ne doute pas un instant du désintéressement des efforts faits par Monsieur Mitterrand pour la recherche scientifique. Toutefois, je ne crois pas pouvoir accepter que mon nom soit associé, fût-ce indirectement ou par implication, à la propagande — par ailleurs parfaitement légitime — en vue des prochaines élections, d'un parti ou d'un autre. »

En février 1967, Jacques Monod soutient toutefois la campagne électorale pour la députation de Pierre Mendès-France, qu'il a appris à connaître lors de l'organisation des Colloques de Caen. Il considère que P. M.-F. « possède les capacités d'établir et de maintenir le seul régime convenant à un pays de haute culture : une démocratie sociale. »

Au lendemain des événements de mai 1968, Monod se félicite (dans « *Le Monde* » du 8 octobre) de la Loi d'Orientation d'Edgar Faure, qui permet enfin la création d'universités autonomes, où les étudiants seront représentés aux conseils d'université. Il regrette seulement qu'on n'ait pas entendu ses appels antérieurs et qu'on se soit trouvé réduit à une réforme à chaud. Il dénonce l'étrange alliance qui s'est constituée entre la droite conservatrice, les ultra-gauchistes et le mandarinat universitaire, pour s'opposer à cette loi. Il analyse les motifs de cette conjonction : « l'extrême-gauche souhaite un échec qui lui servirait de tremplin pour une révolution à la chinoise. La droite craint la démocratisation de l'enseignement supérieur. Les enseignants redoutent que la participation des étudiants les dépossède de leurs prérogatives. » Il souligne que la condition pour que cette réforme réussisse est un accroissement considérable du budget de l'Enseignement Supérieur afin d'accroître les effectifs des enseignants, d'aider les étudiants par des allocations, et de moderniser et développer les locaux universitaires :

« C'est dire qu'un lourd sacrifice sera exigé de la nation entière. Mais de la réforme de l'enseignement dépendent l'avenir de notre jeunesse, l'expansion de notre culture et l'épanouissement de notre société » (...) « La révolte de mai a fait lever dans le pays, comme dans l'Université, un immense espoir. Dirigée contre l'orgueil aveugle des castes et contre des institutions du passé, elle a atteint en quelques semaines des objectifs qui naguère encore paraissaient inaccessibles : la possibilité pour les étudiants et les enseignants de forger librement une université qui soit la leur, la possibilité d'une culture enfin accessible à tous, la possibilité de préparer la société de demain. S'ils demeurent unis pour défendre leur conquête, étudiants et enseignants seront invincibles : aucun régime, aucune force politique ne pourraient la leur arracher. Mais rien n'est encore acquis, tout peut être remis en question par les divisions du mouvement, par des tentations politiques qui veulent porter la contestation sur un terrain qui ne peut être le sien, par un terrorisme de rue qui aujourd'hui le défigure. Délibérée ou inconsciente, c'est la provocation qui est maintenant à l'œuvre. Elle prétend attaquer un régime ou des castes ; en réalité elle les sert et l'on reste stupéfait de l'entendre parfois s'exprimer par la bouche même de certains dirigeants, étudiants ou enseignants. La manifestation quotidienne, les excès de toutes sortes, la politique du pire ne peuvent que conduire à l'anarchie, à la chasse aux sorcières et en définitive au fascisme ».

Il s'interroge enfin : « Suffirait-il d'un "Programme commun" et d'une candidature unique de la "Gauche" pour que le rêve humaniste du socialisme trouve ici un commencement de réalité ? Rien n'est moins sûr. Faute d'une doctrine commune et d'un accord réel sur les options fondamentales du socialisme, le "Programme commun" ne peut être qu'un article de propagande électorale. La pire des hypothèses serait peut-être que, sur un tel programme, un président de gauche soit élu, car c'est au pouvoir alors, et non plus seulement dans l'opposition, qu'éclateraient la division et l'impuissance avec les tragiques conséquences que cela pourrait entraîner. »

*　*
*

JACQUES MONOD ET LES CAUSES HUMANITAIRES

Monod n'est pas seulement homme de réflexion, il est aussi homme d'action, prompt à s'engager pour défendre les valeurs morales auxquelles il tient — peu importe qu'elles soient ou non d'origine biologique... Il usera de sa notoriété pour soutenir la liberté et la dignité des hommes et des femmes : droit à la contraception et à l'avortement, liberté d'opinion politique et religieuse, égalité raciale, plaidoyer pour l'euthanasie et contre la peine de mort.

Il sera l'un des présidents d'honneur du « Mouvement français pour le Planning familial » (MFPF), ainsi que de « L'Association nationale pour l'étude de l'avortement »[1]. Il rédige la préface à l'ouvrage de Jean Dalsace et Raoul Palmer, intitulé : *La Contraception. Problèmes biologiques et psychologiques* (1966). Il défend la contraception, qu'il définit comme « la conception délibérée et l'amour réfléchi ». Il condamne la loi de 1920 punissant la diffusion des moyens contraceptifs qui constituent la meilleure prévention de l'interruption volontaire de grossesse (IVG). Il félicite les auteurs « d'avoir su accomplir une tâche excessivement difficile, en hommes de science, en médecins connaissant mieux que personne les innombrables tragédies secrètes provoquées par une législation abusive qui doit être réformée. »

En 1970, il prononce une allocution au « 7e Congrès de Planning familial ». En 1972, il rédige une nouvelle préface pour la seconde édition du livre de Dalsace et Palmer. Dans l'intervalle, entre les deux éditions, la loi Neuwirth a été votée (1967), mais Monod déplore les amendements qui l'ont rendue difficilement applicable. Il regrette que la reconnaissance d'Utilité publique du MFPF soit toujours en attente et que la création d'établissements officiels prévus dans le projet Neuwirth demeure dans les limbes.

En novembre 1972, il prend ouvertement *la défense de l'interruption volontaire de grossesse* : une action en justice se déroule au Tribunal de Bobigny à l'encontre d'une femme accusée d'avoir aidé sa fille à avorter. Maître Gisèle Halimi fait comparaître à la barre des témoins les professeurs Milliez et Monod. L'un et l'autre déclarent que, compte tenu des circonstances, ils auraient aidé la jeune Marie-Claire à avorter.

---

1. Avec A. Kastler, A. Lwoff et J. Dalsace.

Milliez déclare : « l'avortement n'est pas la solution, je suis hostile à l'avortement, mais celui-ci est acceptable lorsqu'il n'y a pas d'autre solution. La solution c'est la contraception, mais on se refuse en France à diffuser les méthodes contraceptives. »

Monod plaide pour sa part qu'un avortement ne doit pas être confondu avec un infanticide, le système nerveux de l'embryon n'étant pas développé avant plusieurs mois. Quelques semaines plus tôt, lors d'un entretien télévisé avec le Cardinal Daniélou (« Grandes Rencontres », 22 août 1972), il avait déjà utilisé cet argument, en soutenant qu'un fœtus de quelques jours n'était pas une personne humaine. Voici quelques-unes des répliques qui avaient été échangées à ce sujet :

Le cardinal Daniélou (C. D.) — « Votre position me paraît très grave du point de vue moral et peut aboutir à des catastrophes. »

J. M. — « Mais les catastrophes, elles se produisent tous les jours, vous connaissez les statistiques ! » (...) « Je me suis laissé dire par un de vos collègues que la théologie médiévale accordait l'implantation de l'âme dans le fœtus au 4e mois. »

C. D. — « C'est plutôt arbitraire... »

J. M. — « C'est une absurdité de déclarer que l'être humain existe à partir du moment où l'œuf est constitué. Il n'existe pas encore, il se constitue par une épigenèse. L'être humain est pour moi celui qui assume non seulement l'héritage génétique, mais aussi l'héritage culturel. Ce ne peut être avant que le système nerveux commence à se constituer. »

C. D. — « Il y a donc un passage décisif ? »

J. M. — « Décisif, oui, mais qui ne se constitue pas d'une manière tranchée et brutale, alors que pour la théologie — du moins je le suppose — l'homme existe à partir du moment où il a reçu la transcendance, c'est-à-dire l'âme. »

C. D. — « J'aime mieux parler ici de personne humaine plutôt que d'âme, ce qui en somme distingue un embryon humain d'un embryon animal. »

J. M. — « Pour en revenir à ce qui nous occupe, au problème de la légalisation de l'avortement, j'ai noté que certains théologiens et certains biologistes catholiques, faisaient plus appel à des arguments biologiques que transcendants. Je me rappelle une question qui m'a été posée devant la commission parlementaire présidée par Mr Neuwirth (au sujet d'amendements sur la loi concernant la contraception). Une femme parlementaire m'a posé la question suivante : “À quel moment l'être est-il constitué du point de vue génétique ?” J'ai bien compris ce qu'on voulait me faire dire, je ne pouvais répondre autrement que, d'emblée, dès que l'œuf est constitué par l'entrée du spermatozoïde dans l'ovule, d'où on allait déduire que de ce moment aussi datait la transcendance ».

L'argumentation de Monod, toujours si rigoureuse, me paraît ici plutôt spécieuse et des plus discutables. Les arguments pour ou contre l'IVG ne tournent pas autour de la date à laquelle un embryon devient une personne, ou acquiert une âme. Le développement du système nerveux chez l'embryon est à la fois très précoce et très progressif. Même si l'on est partisan de l'IVG (comme je le suis) on ne peut nier qu'on détruit une vie humaine qui commence à la fécondation. L'IVG est acceptable dans des cas sociaux bien définis. C'est un moindre mal, permettant de mettre un terme aux avortements clandestins, qui causaient des ravages, bien connus des médecins de ma génération, mais qu'aujourd'hui on a tendance à oublier.

Jacques Monod a pris ouvertement position contre toutes les formes d'**oppression politique**.

Suivant l'exemple donné par son ami Louis Rapkine pendant la guerre, il organisera en 1960 le départ clandestin de la République populaire de Hongrie, d'Agnès Ullmann-Erdös (biochimiste hongroise) et de son mari. Agnès Ullmann avait obtenu de son gouvernement l'autorisation de se rendre en 1958 à Paris pour un stage limité à six semaines. Monod l'avait acceptée dans son service et confiée à François Gros. Ayant goûté à la liberté de travailler qui régnait à Pasteur, elle n'avait plus eu qu'un désir : y revenir définitivement. Elle n'osait en parler à Monod, François Gros s'en était chargé.

J. Monod avait immédiatement promis de tout mettre en œuvre pour l'aider. Très émue, Agnès lui avait demandé : « pourquoi acceptez-vous de prendre ce risque ? Il avait répondu : c'est une question de dignité humaine. »

L'évasion du couple hongrois fut longuement préparée. La liaison entre Paris et Budapest s'effectuait à l'aide d'un code secret : des messages étaient écrits avec de l'encre sympathique à l'intérieur d'enveloppes de disques (de Bartok en particulier). Un premier projet de passage de la frontière austro-hongroise avec la troupe d'un cirque ambulant fut abandonné. Finalement, J. Monod organisa et finança, à partir de Vienne, le plan suivant : un couple autrichien ayant un jeune enfant allait passer des vacances en Yougoslavie et revenir en Autriche en traversant la Hongrie. Les Erdös seraient cachés dans leur caravane pour franchir la frontière. Agnès Ulmann a bien voulu me fournir quelques détails sur ce passage à haut risque :

À la date fixée (été 1960), la caravane s'arrêta à un endroit convenu, à proximité de la frontière austro-hongroise. On éloigna l'enfant pendant que les Erdös se dissimulaient dans la baignoire. Un couvercle fut refermé et fixé au-dessus d'eux. Ils avaient juste la place de se tenir allongés tête-bêche et ne pouvaient bouger. On repartit avec l'enfant qui n'avait rien vu. Premier arrêt à la frontière : interrogatoire, papiers, fouille... Les fugitifs entendaient le garde-frontière, parvenu au fond de la caravane, qui voulait savoir ce qu'il y avait dans la baignoire (sans doute soupçonnait-il la présence de marchandises plutôt que de personnes). Il insistait pour qu'on démonte les panneaux de bois. Le conducteur protestait, il disait n'avoir jamais ouvert ces panneaux depuis l'achat du véhicule. Il n'avait pas ce qu'il fallait pour les dévisser et cela prendrait beaucoup de temps... Cette situation dramatique se prolongea pendant près d'une heure... Finalement on les laissa passer. Mais un peu plus loin, nouvel arrêt et nouvel interrogatoire... Troisième arrêt, qui leur parut tout aussi interminable. Sensation d'étouffement, ankylose, angoisse... Enfin, ce fut l'Autriche, « reconnue par l'odeur d'une station d'essence », et la délivrance... Engourdie, brisée d'émotion, Agnès demeura étendue sur une couchette jusqu'à Vienne.

Mais il restait encore beaucoup à faire, obtenir des papiers autrichiens de réfugiés politiques en transit et un visa pour la France. Philippe Monod intervint, à partir du quai d'Orsay, auprès du Consulat de France à Vienne, ce qui permit la délivrance du visa d'entrée en France. Au total, quatre à cinq semaines furent nécessaires pour que les fugitifs puissent monter dans le train pour Paris. Au jour indiqué, Madeleine Brunerie (la secrétaire de Monod) était à la gare de l'Est. Elle les attendait sur le quai, inquiète, jusqu'à ce qu'elle les vit enfin descendre du wagon et venir joyeusement vers elle. Les croissants du buffet de la gare furent pour les émigrés d'une saveur inoubliable...

« Jamais (écrira par la suite Agnès Ullmann dans l'*Hommage à Jacques Monod*) celui-ci n'a voulu me révéler les difficultés et les problèmes qu'il avait dû surmonter pour assurer le succès de cette entreprise et n'a consenti à ce que je le remercie. » Elle apprit seulement que Lwoff avait, lui aussi, participé au financement. Dans un récent hommage à André Lwoff, écrit en anglais (*The EMBO Journal*, vol. 14, 1995), Agnès raconte comment, bien des années plus tard, elle s'est efforcée de lui témoigner sa reconnaissance : « Lors d'une vente des peintures de Lwoff au bénéfice du *Pasteur-Weismann Council* et des dissidents soviétiques, je lui ai montré la gouache que je voulais acheter. Il m'avertit que ce serait trop cher pour moi. Je lui ai répondu que c'était le seul moyen me permettant de m'acquitter de ma dette envers lui. Il se souvint, sourit, et j'achetai la gouache. »

Dès le jour de son arrivée en France, A. Ullmann a constamment travaillé en étroit contact avec Jacques Monod, d'abord sur le « répresseur-lactose », puis sur la bêta-galactosidase. La dernière publication associant leurs deux noms, date de 1976, année de la mort de Monod.[1] Elle fut à ses côtés d'un précieux soutien lorsqu'il fut nommé directeur, et surtout lorsqu'il fut atteint par la maladie. Toute la carrière d'Agnès Ullmann s'est ainsi déroulée, et se poursuit encore, à l'Institut Pasteur. Naturalisée Française, elle est devenue chef de l'Unité où elle avait été accueillie, jeune émigrée, 35 ans plus tôt.

En octobre 1953, Jacques Monod adresse au « *Bulletin of Atomic Scientists* » une « Lettre à l'Éditeur » où il déplore l'exécution d'Ethel et Julius Rosenberg, accusés d'avoir révélé aux Russes des secrets concernant la bombe atomique, leur culpabilité ne reposant que sur les déclarations douteuses d'un couple d'espions.

Il interviendra plus tard dans divers pays en faveur de nombreuses *victimes d'oppression politique* :
– pétition adressée à M. Kossyguine, en faveur de A. Siniavski et J. Daniel, emprisonnés pour avoir publié à l'étranger leurs écrits pourtant sans grande conséquence politique (1965) ;
– requête, co-signée par le Pr Pasteur Vallery-Radot et Mme Lucien de Gennes, au président de la République bolivienne en faveur de la libération de Régis Debray (1969) ;
– télégramme adressé au président Ahijjo : « Au nom de l'humanité et apaisement politique, vous demande respectueusement grâce pour les condamnés à mort » (1971) ;
– intervention en faveur de jeunes Mauritaniens (1972) ;
– requête pour solliciter la grâce de Bukovsky (1974)...

Cette liste n'est pas exhaustive ; il interviendra aussi en faveur d'Andreï Sakharov, de Leonid Plioutch, de Martin Luther King. Il présente ce dernier, lors d'une réunion au Palais des Sports, le 28 mars 1966 à Paris :
« Le Pasteur M. L. King, dit-il, a voué son existence à la défense de ses frères de race, les Noirs d'Amérique. Il n'est pas le premier, il n'est pas le seul. Aux États-Unis des milliers

1. A possible mediator of catabolite repression in bacteria : A. Ullmann, F. Tillier et J. Monod : *Proc. Natl. Acad. Sci.* USA, *73,* 3476, 1976).

d'hommes noirs et blancs participent à cet immense effort. Parmi eux, M. L. King jouit d'un prestige incomparable, d'une autorité unique, qu'il doit à la hauteur de sa pensée morale et politique ». Deux ans plus tard, le 8 avril 1968, il rendra au Cirque d'Hiver un nouvel et dernier hommage au pasteur assassiné, au champion de la non-violence qui avait combattu pour la liberté et la dignité de l'homme : « On ne combat pas la violence en s'y livrant, s'écria-t-il, le respect de soi ne se mesure jamais au mépris des autres. »

Jacques Monod milite aussi contre *la peine de mort.* Il s'adresse, le 16 novembre 1969, aux membres d'une association qui la combat, en ces termes :
« L'homme est sans doute le plus meurtrier de tous les mammifères. Son histoire est coulée dans un fleuve de sang. (...) Tous ces meurtres, qu'ils soient collectifs ou individuels, trouvent leur source au plus profond de notre être animal ; comme l'instinct, ils sont aveugles. Il est pourtant une forme particulière de meurtre, inscrite dans la loi, organisée par la société : le meurtre ritualisé et presque sanctifié, la peine de mort. (...) Il a été établi que cette peine ne constitue, ni un moyen de défense, ni une prévention efficace. Ce que prônent ses défenseurs, c'est l'esprit de vengeance qui ne rachète, ni le crime, ni les responsabilités que la société peut avoir dans le crime. Cette position n'est pas prise par sensiblerie, ni par compassion pour un meurtrier qui n'en a pas eu pour ses victimes, c'est par respect de notre culture, de notre société, de nous-mêmes enfin. »

Jacques Monod s'est trouvé lui-même victime de discrimination politique. Lorsqu'il a voulu en 1952 se rendre aux États-Unis, le visa lui a été refusé en raison de son ancienne appartenance au parti communiste. Voici le contenu de la « Lettre ouverte » (en anglais) qui sera publiée par *Science.*

M. Larkin, Consul des États-Unis à Paris, 15 août 1952.
« Cher M. Larkin, cette lettre tient lieu de conclusion à notre conversation de mercredi concernant ma demande de visa US. J'ai

examiné le problème très sérieusement avec les informations que vous m'avez communiquées sur « L'international Security Act » de 1959 : je suis considéré comme un étranger non admissible, parce que j'ai appartenu au parti communiste de 1943 à 1945.

À mon regret, je suis arrivé à la conclusion qu'il ne m'était pas possible de suivre la marche que vous m'avez suggérée, c'est-à-dire de solliciter de l'Attorney General une permission spéciale pour entrer temporairement aux États-Unis. Étant donné votre attitude personnelle courtoise, je me crois devoir vous expliquer en détail les raisons qui m'ont conduit à cette décision négative. Elles sont de deux sortes :

D'abord, mon séjour aux États-Unis était projeté pour répondre à l'invitation qui m'était faite par l'*Am. Chemical Soc.* et par la *Harvey Society.* Il ne m'est pas possible de mettre en balance le plaisir et l'honneur de cette visite scientifique, et l'odieuse obligation de soumettre personnellement mon cas au département de la Justice pour obtenir une faveur dont on me juge indigne.

La seconde raison est que je ne suis pas disposé à remplir un *biographical statement*, tel que celui réclamé. Ce refus n'est pas fondé seulement sur des principes abstraits, mais sur une triste et pénible expérience : ce type d'inquisition a été introduit dans l'administration française durant l'Occupation. (...) Ceci dit, il me faut ajouter que je n'ai pas pris cette décision de gaieté de cœur, car je réalise que c'est me couper d'un pays que j'aime et auquel je suis attaché par des liens forts. Non seulement je suis demi-américain, mais j'ai beaucoup d'amis proches dans votre pays. J'ai appris par expérience à respecter et admirer la science américaine. En vérité, je dois beaucoup à diverses institutions, telle la Rockefeller Foundation et, comme savant, j'ai plus de reconnaissance envers les États-Unis qu'envers mon propre pays (...). D'une façon générale, l'isolationnisme est le pire ennemi du progrès scientifique (la profonde détérioration de la biologie russe en est l'illustration) et il me paraît contraire au meilleur intérêt des USA. »

Dans cette même revue américaine, au-dessous de la lettre de Monod, figure un autre texte sur le même thème, signé par treize scientifiques appartenant au « Florida Committee on Science & Public Affairs » : « L'action récente du State Department, qui a refusé un passeport à Linus Pauling pour se rendre en Grande-Bretagne, représente un nouveau pas dans une suite d'événements regrettables, réduisant le libre échange d'informations indispensables à la réussite continue de la recherche scientifique dans le monde. Les signataires appellent tous les scientifiques à protester contre cette restriction d'échanges qui ne peuvent qu'affaiblir le potentiel scientifique du pays. »

* *
*

APPEL EN FAVEUR DE L'EUTHANASIE

En juillet 1974, *The Humanist*, revue éditée par deux associations américaines (« American Humanist Association » et « American Ethical Union ») a publié, à l'occasion de son 35e anniversaire, un manifeste intitulé : *A Plea for Beneficient Euthanasia.* Le texte était signé par une cinquantaine de personnalités, médecins, hommes d'église, philosophes, universitaires, avec en tête trois prix Nobel : Jacques Monod (Nobel de Physiologie ou de Médecine 1965), George Thomson (Nobel de Physique 1937) et Linus Pauling (Nobel de Chimie 1954). Le *Quotidien du Médecin* (28 juin 1974) et *Le Figaro* (1er juillet 1974) en ont publié la traduction française.

On trouvera en *Annexe 7*, le texte intégral de ce manifeste qui a conservé toute sa vigueur et son actualité. Je me bornerai à en citer ici l'essentiel :
« Il est cruel et barbare de maintenir contre sa volonté une vie qui a perdu toute dignité, beauté, signification, perspective d'avenir. (...) Nous recommandons que ceux qui partagent notre

opinion signent leurs "dernières volontés de vie", de préférence lorsqu'ils sont en bonne santé, en déclarant sans équivoque qu'ils entendent faire respecter leur droit à mourir dignement. (...) Nous croyons que la pratique de l'euthanasie humanitaire, réclamée par le malade, améliorera la condition humaine et, une fois que des mesures légales de protection auront été établies, encouragera à agir dans ce sens par bonté et sentiment d'être juste. Nous croyons que la société n'a ni intérêt, ni besoin véritable, de faire survivre contre sa volonté un malade condamné et que le droit à l'euthanasie peut être protégé contre les abus par une procédure de sauvegarde appropriée ».

D'autres prix Nobel ont adopté des positions voisines.

Ainsi Rita Levi-Montalcini, neurobiologiste, (prix Nobel de Physiologie ou de Médecine 1986) déclare dans *« Science et Avenir »* (juillet 1989) : « Je n'aime pas cette idée de dépenser tellement d'efforts pour prolonger la durée de la vie. C'est contre nature, la vie finit à un moment donné. Moi, je ne veux pas qu'on fasse des efforts pour prolonger ma vie, il faut un jour accepter la mort. J'ai 80 ans, je me porte bien, mais quand ma vie ne sera plus bonne, j'espère bien qu'on m'aidera à en finir ». Six ans plus tard, cette Italienne est toujours pleine de vitalité, elle vient de publier en 1995 un livre destiné aux adolescents pour les aider à affronter l'avenir, confirmant ainsi que ce sont, bien souvent, ceux qui attachent le plus de prix à la vie qui refusent de la terminer dans la décrépitude.

François Jacob, écrit dans *La Statue intérieure* :
« Si l'on n'est pas responsable de sa naissance, on l'est d'une certaine manière de sa mort. Ce qu'on ne peut oublier, c'est la peur d'avoir peur. C'est le dégoût de devenir dégoûtant. L'impuissance à éviter l'impotence et aussi la terreur d'être dominé comme un enfant, de se faire manipuler. La hantise de devenir autre que ce que l'on est, de penser différemment et même de ne plus penser du tout. Et puis le cauchemar d'avoir à subir, d'être agi sans pouvoir réagir, ni s'expliquer, ni même demander. Bref le spectre du végétal ».

Il évoque à ce sujet la fin de vie de sa grand-mère, veuve de général, une femme d'un admirable caractère, demeurée souveraine jusqu'à l'âge de quatre-vingt-quinze ans, mais qui sombre ensuite dans la confusion : « devenue une pauvre vieille égarée », qui le prend pour son frère mort depuis dix ans. « Cette obsession de la déchéance, dit-il, elle me saute à la gorge dès le réveil... ».

Jacques Monod avait la même hantise d'un délabrement progressif. Le 10 mai 1976, après avoir corrigé avec Agnès Ullmann son dernier article scientifique (déjà mentionné plus haut), et après avoir dicté les corrections à sa secrétaire, ils déjeunèrent tous trois ensemble. « Durant le repas, écrit Madeleine Brunerie *(Hommage à Jacques Monod) :* « Il nous dit qu'il ne pouvait supporter l'idée d'une maladie qui lui ferait perdre ses facultés intellectuelles, ou l'usage de ses membres ».

Cela lui sera bien heureusement épargné, comme nous le verrons, l'aggravation de sa maladie sera brutale et sa fin rapide.[1]

* *
*

1. Ce n'est pas ici l'endroit pour commenter pleinement le douloureux problème de l'aide à mourir, il y faut tout un livre (voir J.-P. Soulier, *Mourir en Paix, Quelle Médecine en fin de vie*, Albin Michel, 1994).
Depuis le manifeste des Nobel, des progrès ont été accomplis, on a pris conscience des problèmes humains qui se posent en fin de vie. Aider les incurables à mourir ne se résume plus en une alternative simpliste : l'euthanasie ou rien. Il y a maintenant des services spécialisés en « soins palliatifs », ils sont malheureusement encore trop peu nombreux : guère plus de 5 % des malades en fin de vie peuvent en bénéficier, les autres sont pour la plupart prolongés artificiellement, ou abandonnés à leur triste sort. La seule chance de se prémunir d'une fin pitoyable est de rédiger à l'avance, soit des « directives médicales anticipées » (comme aux États-Unis où, depuis le 1er décembre 1991, elles sont devenues obligatoires à l'entrée de tous les établissements de soins), soit une « Déclaration de volonté », qui est dépourvue en France de valeur légale, mais non de valeur morale.
L'aide au suicide — où la décision et le passage à l'acte reviennent au malade et non au médecin — me paraît devoir être préférée à l'euthanasie volontaire active. Il faut espérer que l'aide médicale au suicide puisse être un jour « dépénalisée » en France, comme elle l'est déjà dans certains pays, tel la Suisse.

GOÛTS ET TALENTS LITTÉRAIRES DE JACQUES MONOD

Monod confie en 1975 à un journaliste de « *Lire* », le magazine des livres : « Je n'ai guère le temps de lire qu'entre dix heures du soir et deux heures du matin. J'aime avoir une demi-douzaine de bouquins en réserve, le fait de les avoir sur ma table de nuit est rassurant. »

Il préfère les livres aux périodiques, il réserve les plus épais pour les week-ends ou les vacances, afin de pouvoir les lire d'un trait pendant des heures d'affilée. Il aime les romans latino-américains (Alejo Carpentier, Garcia-Marquez). Parmi les romans italiens, il admire *Le Désert des Tartares* de Dino Buzzati. Parmi les Français, il apprécie Stendhal et admire Flaubert : *Madame Bovary*, qu'il a lu plusieurs fois et l'*Éducation sentimentale* qui, dit-il, « n'a pas vieilli ».

Quant aux classiques, ses souvenirs remontent au lycée :
« Je les ai abordés beaucoup plus tôt, à onze, douze, treize ans : tout Molière, tout Racine... par goût. Racine ne m'a pas été détruit par les chers et bons professeurs de rhétorique de l'époque — car beaucoup détruisent par ce que qu'on appelait "l'explication française". Je ne sais pas si on procède toujours de la même manière : on étudiait péniblement en une heure une dizaine d'alexandrins d'une tragédie, en dépiautant tout, ce qui est insupportable. Ce qui fait la grandeur d'un drame, c'est qu'il avance, qu'il progresse comme une flèche. Alors, je me mettais dans le fond de la classe et pendant qu'on expliquait *Bérénice,* je lisais *Andromaque* avec ravissement. (...)
« Je n'ai jamais abandonné les classiques du XVIIe, je ne les relis pas d'un bout à l'autre, mais j'ai besoin de temps à autre de retrouver le style de Pascal, ou de Descartes. *Les Provinciales* sont pour moi un modèle impérissable de style, même si le sujet du débat me paraît dérisoire. C'est une merveille de clarté, de précision. » Pour les mêmes raisons, il admire La

Fontaine et regrette qu'Anatole France ne soit pas davantage lu par les jeunes générations. Il évoque Montaigne, qu'il a plaisir à parcourir tout en regrettant de le voir sauter sans cesse d'un sujet à l'autre, ce qu'il considère comme « un manque total de construction ».

Parmi les livres contemporains, il estime en particulier les ouvrages de Saul Bellow, de Soljénitsyne, de Julien Benda, de J.-J. Servan-Schreiber, ainsi que le livre de Peyrefitte sur la Chine. Il se sent très proche des idées exposées dans l'ouvrage de Revel : *Ni Marx ni Jésus.* Il a été en revanche « déçu par le livre d'Attali, en raison de son style maniéré ».

Il confie qu'il ne comprend rien aux bandes dessinées et qu'il ne goûte pas les romans policiers, sauf ceux de Simenon, qu'il place très au-dessus d'un auteur de la Série noire.

Il situe Camus au-dessus de Sartre. Voici ce qu'il en dit : « Je trouve que son chef d'œuvre c'est *La chute*, c'est supérieur à *L'étranger.* Les essais réunis dans le *Mythe de Sisyphe* sont admirables. L'existentialisme, au sens large de Camus, est exactement celui que je partage. »

Toutefois, il ne comprend pas l'admiration de Camus pour Malraux[1] « qui cherche, dit-il, à se faire voir comme un poète-commandant de navire, voguant sur la houle de l'histoire ». Il n'a pas du tout apprécié *La voie royale*, et il trouve les *Antimémoires* « proprement insupportables, où le vide de la pensée est masqué par une incroyable enflure du style ».

On voit qu'en littérature, comme en politique ou en philosophie, Monod ne craint pas d'exposer crûment ses opinions.

Le 12 mai 1976, c'est-à-dire au milieu du dernier mois de sa vie, il est invité par Walter Kaufmann (directeur des Séminaires Christian Gauss à Princeton University) à venir faire une con-

1. Malraux qui mourra la même année que Monod (en novembre 1976), soit six mois plus tard.

férence aux États-Unis. Dans sa lettre Kaufmann lui demande si sa position philosophique s'est trouvée influencée par Nietzsche.

Monod, dans sa réponse, repousse à 1977 la possibilité de se rendre en Amérique (montrant qu'il n'a pas perdu l'espoir de guérir) et convient : « Oui, il est indiscutable que j'ai été fortement influencé par Nietzsche, pour qui j'ai une profonde admiration, comme avait mon regretté ami, Albert Camus. Cependant, je suis loin d'être un disciple de Nietzsche et, même si j'ai été influencé par sa pensée — je dirai par son style de pensée — je ne crois pas qu'aucun passage de mon ouvrage ait été directement inspiré par des lectures spécifiques de ce philosophe ».

* *
*

LE PUITS DE SYÈNE

En dépit d'innombrables occupations et d'une abondante correspondance (plusieurs centaines de lettres), Jacques Monod a trouvé le temps d'écrire une pièce de théâtre, intitulée *Le Puits de Syène*. Il en a remanié le texte à plusieurs reprises, ce qui indique qu'il y attachait de l'importance, mais aussi qu'il n'était pas assuré de sa qualité. Il quêtait l'avis de certains de ses proches, prêt à le parfaire comme à le détruire.

« Très féru de littérature, il aimait également l'art dramatique, écrit Madeleine Brunerie (*Hommage à Jacques Monod*), il allait souvent au théâtre, il lui arriva même de venir encourager plusieurs fois les productions du théâtre amateur auquel j'appartenais. Vers 1964, il écrivit le *Puits de Syène*, une sorte d'allégorie antique, traitant des relations entre science et société. Après l'annonce du Nobel, il me dit, plaisantant à moitié, qu'il était heureux d'avoir le prix, mais qu'il le serait bien plus encore si sa pièce était jouée. »

Celle-ci ne l'a jamais été et est demeurée inédite. Le manuscrit (125 pages dactylographiées), portant des corrections de sa main, est conservé aux Archives de l'Institut Pasteur.

L'action se situe à Alexandrie au IIe siècle avant notre ère, elle fait intervenir une dizaine de personnages, dont les noms sont révélateurs des intentions satyriques de l'auteur : Epistemos, le héros principal, âgé d'une cinquantaine d'années, est géomètre. Philokratos est le premier ministre d'Égypte. Aristos, âgé de vingt ans, est son neveu. Logomachos est le philosophe de la cour et Gerontos est le président de la Société Royale (primitivement dénommée Académie). Le Secrétaire perpétuel de la Société se nomme Pataphysos et le Chef de la Police, Bidulos. L'héroïne, Psyché, princesse d'Égypte n'a que seize ans. Chrysis et Chloé sont deux courtisanes. L'action est découpée en trois actes et seize scènes.

Pour donner une idée de la pièce, je vais brièvement résumer chacune des scènes.

Acte Premier

Scène 1.
Chloé (la courtisane) reproche au jeune Aristos de la négliger. Celui-ci explique les raisons de son absence : il était parti loin vers le Sud, en plein désert. Là-bas, un étranger du nom d'Epistemos, lui avait fait découvrir un puits, au fond duquel on pouvait apercevoir la Vérité, nue. Il a trouvé en cet homme, bien différent des membres de la Société royale, le maître qu'il recherchait.

Scène 2.
Les membres de la Société royale sortent d'une séance publique, où Pataphysos a fait part de sa découverte : la queue de l'Hydre

de Lerne n'est pas bifide, mais trifide... Au cours de la séance secrète qui a suivi, on a discuté des candidatures. La discussion se poursuit chez Chrysis, la courtisane. Le nom d'Epistemos (le géomètre) est avancé. Logomachos (le philosophe royal) s'oppose au choix d'un individu qui professe que les hommes sont apparentés aux animaux et que la Terre tourne autour du soleil : semblables idées mettent en péril la religion, la philosophie et l'État lui-même !

Scène 3.
Philocratos, le premier ministre, s'entretient avec Bidulos, le chef de la police. Il est inquiet de voir son neveu Aristos tomber sous l'emprise d'Epistemos, cet homme qui vient de Syracuse, où il a fabriqué une machine capable de détruire une flotte à distance.

Scène 4.
Entrevue entre Philokratos et Epistemos. Le premier ministre et le géomètre sont d'anciens condisciples (ils avaient un maître commun, Isocrate). Philocratos a choisi le pouvoir, Epistemos, la connaissance de la nature et de ses lois. Philokratos lui demande de servir de précepteur à Psyché, la jeune princesse d'Égypte.

Scène 5.
Logomachos ordonne à Epistemos de quitter le pays, car il attente aux lois. Epistemos dit respecter les lois et les dieux, puisqu'il respecte les hommes qui ont créé les dieux.

Acte II

Scène 1.
La nourrice coiffe Psyché, la jeune princesse, avant l'arrivée d'Epistemos, cet étranger qui connaît la terre et les astres et qui est animé par une sorte de démon de la vérité. Psyché demande à Epistemos de lui révéler la vérité. « On ne s'empare pas de la vérité, répond ce dernier, elle s'empare de vous. Toi princesse, bientôt Reine, veux-tu devenir son esclave ? ».

Scène 2.
Dialogue entre Logomachos, le philosophe, et Bidulos, le chef de la Police. Logomachos considère la police comme « le bras séculier de la philosophie ». Il disserte au sujet des criminels et propose à Bidulos de lui enseigner la philosophie.

Scène 3.
Elle réunit Psyché, Epistemos et Aristos, son nouveau disciple qui ignore que Psyché est la princesse d'Égypte. Epistemos explique qu'une fois l'an, à midi au solstice d'été, le soleil pénètre à Syène[1] jusqu'au fond du puits. Il a réussi à mesurer le rayon de la Terre et il cherche maintenant à mesurer la distance des astres. Il précise que le royaume de Psyché ne représente qu'un millième de la surface de la terre. Psyché découvre qu'on l'a trompée (on lui avait appris que l'Égypte n'avait pas de limites). Elle demande à nouveau à Epistemos de lui enseigner tout ce qu'il sait.

Scène 4.
Philokratos demande à Epistemos de lui communiquer la carte de l'Egypte qu'il a établie et de construire des machines de guerre capables d'anéantir le Royaume de Seleucos, son rival auprès de Psyché dont il est amoureux. Epistemos refuse.

Scène 5.
Epistemos décide de quitter Alexandrie, Aristos est décidé à le suivre.

Acte III

Scène I.
Logomachos et Bidulos sont sur une dune de sable aux environs d'Alexandrie. Ils chargent deux sbires de se saisir d'Epistemos et d'Aristos avant qu'ils ne puissent s'enfuir, et de les tuer.

---

1. Syène est l'ancien nom d'Assouan.

Scène 2.
Pataphysos et Gerontos (Président et Secrétaire de la Société Royale) se sont donné rendez-vous dans ce même endroit pour discuter secrètement des candidatures à la Société Royale. Les sbires, persuadés que ce sont les hommes qui leur ont été désignés, les tuent.

Scène 3.
Bidulos et Logomachos arrivent à leur tour sur les lieux, ils découvrent avec horreur la méprise. Surgissent des gardes du palais qui les désarment et les arrêtent.

Scène 4.
Epistemos et Aristos se trouvent dans une anse sablonneuse. Ils attendent une barque qui doit les emmener. Ils sont tristes de quitter Psyché et Chloé.

Scène 5.
Arrivent Psyché et Chloé, qui ont décidé de s'embarquer avec eux. Espistemos veut dissuader Psyché de partir avec lui, faisant valoir leur différence d'âge, les dangers du voyage, les devoirs d'une princesse...

Scène 6.
Philocratos (le premier ministre) entouré de ses gardes, ordonne que les fugitifs soient arrêtés, que Psyché et Chloé soient ramenées à Alexandrie et que la barque soit brûlée. Mais Psyché, revêtant le manteau royal, donne ses ordres, devant lesquels tous doivent s'incliner : Epistemos s'embarquera seul. Aristos demeurera et sera nommé ministre.

(Rideau)

Je n'ai pas de compétence pour juger une pièce de théâtre à sa seule lecture. Les deux premiers actes se lisent avec plaisir et intérêt, en revanche le troisième acte me paraît un peu rocambolesque et le dénouement trop artificiel.

Jacques Monod adresse une copie de sa pièce à Jean-Louis Barrault. Celui-ci lui répondit le 20 décembre 1970 :
« Monsieur, c'est avec un intérêt constant que j'ai lu d'une

traite, *Le Puits de Syène*, et je suis à votre disposition pour en parler le jour que vous voudrez. Je constate que le choix du « hasard » m'avait bien conseillé, puisqu'à la connaissance du savant vous ajoutez les antennes de l'artiste, car votre action est très bien menée. Vous y ajoutez l'humour et le mordant. »

Puis, changeant de sujet, il demande à Monod d'intervenir auprès de Konrad Lorenz. Il a l'idée de monter, avec leur aide à tous deux, un spectacle où seraient symbolisées les conceptions modernes de la biologie et de l'anthropologie (projet sans suite).

Le *Puits de Syène* ne sera jamais représenté en France. En revanche, la pièce fut très près d'être jouée en Hongrie : elle fut traduite en Hongrois par Mme Esther Kulka, épouse du chirurgien Frederick Kulka, en vue d'une représentation au théâtre de la ville de Szeged.

Jacques Monod écrit le 10 juin 1969 à Mme Kulka pour lui dire combien il se réjouit de ce projet, et il lui donne quelques indications sur sa conception des principaux personnages :
« Les rôles les plus difficiles sont à mon avis ceux de Psyché, Epistemos et aussi celui de Logomachos : Psyché est une très jeune fille innocente et timide, mais profonde et perspicace. Il faut qu'elle soit petite, mince, très noire de cheveux, très blanche de peau, presque diaphane. Il faut qu'elle paraisse 16 ans, mais que dans le dernier acte elle trouve d'emblée le maintien royal. Epistemos doit être un personnage plus complexe et plus ambigu que le texte à lui seul ne le révèle. Il y a deux personnages en lui, lui-même et son démon. De lui il n'est pas très sûr, mais le démon est implacable. L'âge d'Epistemos est incertain, disons entre 40 et 60 ans. Logomachos enfin ne doit pas être joué en grotesque, ce n'est pas un imbécile, mais un fanatique... »

Réponse de Mme Kulka, qui se dit fière d'avoir traduit la pièce : « ... Les instructions concernant les personnages coïncident avec mon intuition. L'opinion de mon directeur m'a étonnée, il a trouvé la conclusion un peu conformiste : pourquoi Psyché laisse-t-elle partir Epistemos? Je sais que c'est malheureusement la seule solution, mais pour le public, c'est une vérité cruelle. Naturellement c'est mon devoir de le convaincre que c'est la seule issue. »

Agnès Ullmann m'a confirmé, qu'en dépit de deux traductions-adaptations successives, la pièce n'avait pas été jouée en Hongrie, en raison semble-t-il du décès de l'un des responsables.

* *
*

PROJET DE NOUVEAU LIVRE

D'après des notes manuscrites (non datées), Jacques Monod aurait envisagé d'écrire un ouvrage sur « Les rapports de l'Homme et de la Connaissance ».

Voici ces fragments de notes, antérieurs sans doute au *Hasard et la nécessité* :

« La science n'est rien si elle n'est pas la connaissance. Si la connaissance peut avoir d'autres sources, qu'on me le dise, qu'on me le prouve, j'irai aujourd'hui y boire plutôt que d'écrire ce livre. Je l'examinerai avec soupçon, avec rigueur, avec angoisse, avec espoir. En identifiant science et connaissance, je n'entends pas tant restreindre la définition de la connaissance qu'enrichir ce que je crois être sa véritable mesure, la notion de la connaissance scientifique. Il n'est de connaissance scientifique que strictement objective ».

Un autre projet, pour le jour où il serait libéré de ses fonctions de directeur de l'Institut Pasteur, était d'écrire un livre sur *Le temps*. Le temps, qui préoccupait si fort son ami Louis Rapkine.

Ses notes mauscrites paraissent correspondre à un sommaire :

« Temps scientifique, temps mathématique, variable algébrique. »

« Temps de la physique, irréversibilité des phénomènes macroscopiques. Expansion de l'univers. »

« Temps biologique : l'Évolution irréversible, le prix payé : le fardeau génétique ».

« Cosmologie et métaphysique du temps. L'Éternel retour. »

« Les mythes judaïque, hégélien, marxiste, la fin de l'histoire. »

« L'art et le temps. »

« L'accélération, la croissance zéro. »

Horace Judson demanda à Monod, lorsqu'il le rencontra pour la dernière fois, le 4 décembre 1975, s'il comptait reprendre une activité scientifique. Monod répondit *(Le huitième jour de la Création)* : « Je ne me sens pas obligé de continuer dans une voie scientifique. Pourquoi le ferais-je ? Pourquoi s'obliger de travailler au labo, si l'on préfère écrire un livre ? »

Judson lui demanda s'il avait un projet.

— « Oui, dans une certaine mesure, j'ai le titre : *L'homme et le temps*. Ce sera une série d'essais. Le thème central est celui de la nature du temps, des relations de l'homme avec le temps, comme individu, comme objet biologique, et celle des sociétés au cours de l'histoire. Les conceptions que l'homme a du temps en fonction des cultures où il vit. »

Le livre aurait-il vu le jour si Jacques Monod avait vécu ? On ne peut savoir... Il semblait en douter un peu : il confiait à Michel Goldberg, deux semaines environ avant sa mort : « Quand je prendrai ma retraite, je veux écrire mon second livre. Tant d'idées ont mûri pendant ces années. J'ai tant à dire. Mais vous savez, mon petit Michel, que va-t-il se passer quand je me retrouverai devant une feuille blanche ? Pourrai-je recommencer ? »

* *
*

MALADIE ET MORT DE JACQUES MONOD

Lorsqu'à l'automne 1975, le docteur Gérard Mantoux examina son ami Jacques, de passage à Cannes, en raison de fatigue et d'essoufflement, il ne trouva, ni ganglions, ni gros foie, ni grosse rate. La radiographie du thorax permettait chez ce grand fumeur d'exclure un cancer du poumon. Toutefois, frappé par la pâleur des téguments et des muqueuses, il lui recommanda de procéder à un examen de sang dès son retour à Paris. Cet examen révéla une sévère anémie et une thrombopénie (chute des plaquettes sanguines) traduisant une aplasie médullaire. On laissa entendre à Jacques Monod que cette aplasie était primitive et idiopathique (de cause inconnue), ce qui était certes préoccupant, mais laissait un espoir de guérison à terme.

Des transfusions furent régulièrement pratiquées, afin de maintenir les globules rouges à un taux se rapprochant de la normale. Malheureusement, cette aplasie se révéla secondaire : le nombre de leucocytes granuleux n'était pas réduit, comme l'était celui des hématies et des plaquettes. Des myélocytes (granulocytes immatures) étaient présents dans le sang circulant, trahissant une forme subaiguë de leucémie myéloïde, contre laquelle on ne disposait à l'époque d'aucune chimiothérapie efficace.

Grâce aux transfusions fréquemment répétées, Jacques Monod put cependant retrouver des forces et poursuivre avec beaucoup de courage son activité de directeur de l'Institut Pasteur. Il supprima les sorties du soir et les réceptions, il laissa sa Porsche au garage et déclina les invitations, tant scientifiques que mondaines.

Il cachait sa maladie. Ses examens de laboratoires étaient libellés sous un nom d'emprunt, comme au temps de la Résistance... Nul ne l'entendait se plaindre. Il faisait effort pour dissimuler sa fatigue, il ne s'arrêtait que lorsque des épisodes fébriles ou des réactions transfusionnelles l'obligeaient à s'aliter pour quelques jours. Dès qu'il était en mesure de se lever, il revenait à l'Institut. Le soir, il quittait son bureau pour venir au labo rechercher le fidèle « Vicky », son airdale, ainsi que pour boire un scotch en guise de remontant, en compagnie d'Agnès Ullmann et de jeunes chercheurs comme Maxime Schwartz. L'ardeur des discussions scientifiques lui faisait oublier sa fatigue et ses soucis.

Une seule fois, Agnès Ullmann le surprit à évoquer sa fin : il recevait Seymour Benzer et sa femme et celle-ci lui confia en aparté qu'elle venait de subir une opération pour cancer, elle s'était bien remise, mais elle redoutait l'avenir. On entendit Jacques Monod dire que les chances qu'elle avait de survivre étaient certainement meilleures que les siennes. Seymour et Agnès intervinrent pour mettre fin à cette douteuse compétition.

Vers le mois d'avril 1976, un certain mieux se manifesta. Il reprit espoir, il recommença à faire des projets, il se remit à conduire. Il avait même envisagé de se rendre au *Lactose meeting* de Cold Spring Harbor, joyeux à l'idée de retrouver ce berceau de la biologie moléculaire. Il songeait aussi à prendre un abonnement pour la prochaine saison de concerts de l'Orchestre de Paris.

Un jour où il naviguait avec Lucie Mantoux, et qu'il faisait ainsi des projets d'avenir, devant son silence, il devina ses appréhensions. « Je sais, dit-il, c'est imprudent pour un malade de faire des projets, mais nul ne peut vivre sans projets... même les cellules ont un projet ! »

Fin mai, il décida de passer les vacances de la Pentecôte à Cannes, il avait l'intention d'être de retour à son poste de directeur le lundi 31 mai. Il avait invité au Clos Saint-Jacques, Jean Hardy[1] et sa femme, qui arrivèrent à Cannes deux jours avant lui.

1. Monod avait beaucoup de sympathie et d'estime pour Jean Hardy qu'il avait fait nommer à la direction de Pasteur-Production.

Le mercredi, le jeudi et le vendredi de cette semaine — qui devait être la dernière, mais nul ne s'en doutait — il fit de la voile avec Jean Hardy et avec Jacques Mantoux (fils de Gérard). Des photos prises en mer sur « la Tara » le montrent en bonne condition apparente.

Il se sentait suffisamment en forme pour sortir le soir. On le vit au palais des Festivals, entouré comme une vedette de cinéma. Il y retrouve Jerzy Kosinski[1], un écrivain américain d'origine polonaise, dont il appréciait l'originalité et les qualités sportives (c'était un passionné de ski, d'équitation et de polo). Enseignant dans les universités de Weslayan, de Princeton et de Yale, Kosinski était un écrivain très coté aux États-Unis : ses romans, *Painted Bird et Being There*, lui avaient valu le « National Book Award » et le Prix de Littérature de l'Académie américaine des Arts et des Lettres.

En mars 1986 — soit dix ans après son ultime rencontre avec Monod — Jerzy Kosinski publia dans *Esquire* un article, intitulé « Death in Cannes », mêlant réalité et fiction (ce que l'auteur qualifiait « d'auto-fiction de la mémoire »).

En tête d'article, deux photos prises le 27 mai 1976, lors d'une soirée de gala au festival, montrent les deux hommes aujourd'hui disparus : ils sont en tenue de soirée, assis côte à côte sur un canapé : Kosinski, en smoking sombre, avec des yeux de jais sous des sourcils épais, une abondante chevelure noire, un nez saillant comme un bec, une large bouche aux lèvres minces — et Jacques Monod, en veste blanche, très élégant avec sa chevelure argentée et le beau modelé de son visage un peu amaigri. Le texte d'accompagnement évoque les origines et les principaux accomplissements du biologiste.

Viennent ensuite trois photos de Monod à une table, entouré de femmes élégantes. Le texte se poursuit sous forme de dia-

---

1. Agnès Ullmann m'a appris qu'il avait récemment mis fin à ses jours.

logue, dont on ne sait pas bien s'il a été vécu, ou s'il est imaginaire.

— « Qu'est-ce qui vous plaît chez les femmes ? », demande J. K.

— « Elles portent la vie, elles aiment la vie, instinctivement. »

— « Et vous les aimez ? »

— « Instinctivement... » (fait-il répondre à Monod).

L'article fait ensuite état de leur conversation durant le trajet en voiture qu'ils avaient fait ensemble pour venir au festival. Elle se déroule comme s'ils savaient, l'un comme l'autre, que Monod n'avait plus qu'un ou deux jours à vivre. Ceci permet à l'auteur d'enchaîner des considérations sur la maladie et la mort, sur les « mercy killings » et les « happy endings » — discrète allusion au manifeste des Nobel sur l'euthanasie.

Sur les dernières photos, Jacques Monod est seul, assis devant la façade du Clos Saint-Jacques. Sur l'une d'elles, il allume une cigarette, il semble (dit le texte) que sa main tremble... Sur les suivantes, prises en gros plan, son visage est pensif. Sur la dernière, il a un sourire radieux et le commentaire se termine ainsi : « Ses yeux se tournent vers le soleil qui se couche sur la baie de Cannes. Son regard est aussi lumineux que le soleil. Regardant sa vie passée et la mort en face, il ne voit rien d'autre que le soleil... C'est le sourire de Sisyphe, qu'il faut imaginer heureux. »

Ce texte curieux et désinvolte est composé comme un « patchwork », des citations du *Hasard et la nécessité* sont intercalées ça et là dans ce pseudo-reportage romancé. À des faits authentiques se mêlent nombre d'inexactitudes : Kosinski parle d'anémie hémolytique (au lieu d'aplasie), il appelle son voilier « Bel-Ami » (alors que c'est la « Tara »). Il fait dire à Monod qu'il ne naviguera plus, alors qu'il naviguera encore le lendemain vendredi 18 mai. Le jour précédent, de retour au port, il avait même dit à Jacques Mantoux qui voulait rentrer les voiles : « Non laisse-les ferlées, nous sortirons demain je l'espère »... Autant d'indices indiquant qu'il ne songeait nullement à une mort imminente.

Voyons comment les événements se sont réellement déroulés au cours de ces derniers jours du mois de mai 1976 : le docteur Gérard Mantoux avait quitté Cannes pour les vacances de la Pentecôte. Dans la journée du dimanche 30 mai, il est alerté par un coup de téléphone : on l'avertit que Jacques Monod vient d'être hospitalisé d'urgence dans son propre service au Centre hospitalier. Il revient précipitamment à Cannes et se rend immédiatement à l'hôpital. Il trouve son ami dans un état qui lui apparaît d'emblée critique : il est très pâle et essoufflé. Le pouls est faible et rapide ; à la palpation de l'abdomen, le foie apparaît très augmenté de volume, ce qui suggérait (me dit Mantoux), compte tenu du nombre très faible de plaquettes, une hémorragie massive, intra- ou sus-hépatique.

Jacques est encore lucide : — « Gérard fais-moi dormir ! », demande-t-il. Les derniers mots qu'il prononcera ce soir-là, seront : « Je cherche à comprendre ».[1]

L'acte de décès indiquera : « Le 31 mai 1976, à 12 heures 45, est décédé au Clos Saint-Jacques, avenue de Bénéfiat à Cannes, Jacques, Lucien, Monod, né à Paris, 17e, le 9 février 1910 ».

En réalité, la mort serait survenue à Nice, ou sur la route entre Cannes et Nice. En effet, le médecin de garde voyant le malade inconscient avait cru bon de le faire transférer au petit matin à l'hôpital de Nice, où l'on disposait de moyens de réanimation plus importants qu'à Cannes. Mais son état était déjà au-delà des ressources thérapeutiques.

Derrière l'ambulance, les proches parents suivaient en voiture. Agnès Ullmann, arrivée la veille au soir, était venue par le pre-

1. C'est bien Gérard Mantoux, seul alors à son chevet (et non son frère « Philo »), qui a recueilli ces ultimes paroles souvent citées. « Toute sa vie, il a cherché à comprendre », dira André Lwoff le 10 juin dans son dernier hommage.

mier avion qu'elle avait pu trouver ; à l'hôpital, Jacques Monod ne l'avait pas reconnue. Elle avait suivi elle aussi l'ambulance. Lorsque celle-ci parvint à Nice, Jacques Monod avait cessé de vivre. La famille demanda qu'on ramène immédiatement le corps à Cannes, au domicile familial.

Le communiqué suivant fut publié : « Les médecins traitants de Paris et de Cannes déclarent que le Professeur Monod est mort dans sa maison familiale où il était venu se reposer quelques jours. Monsieur Jacques Monod était atteint d'une hémopathie grave qui s'est compliquée d'une anémie brutale et irréversible. »

Cette fin brusquée peut apparaître tragique. La mort d'un être cher et admiré est toujours douloureusement ressentie, mais, compte tenu du pronostic fatal, cette issue rapide peut tout aussi bien être considérée comme un « happy ending » (pour reprendre les mots de Jerzy Kosinski). Connaissant les sentiments de Jacques Monod sur la « mort dans la dignité » et son appréhension d'une déchéance progressive, ce dénouement brutal était sans doute conforme à ce qu'il eût souhaité : il était passé, presque sans transition, des joies de la navigation et des fastes du festival, à une réanimation dépassée. Il eût certainement désiré être ramené dans la maison familiale où s'étaient éteints ses parents et sa demi-sœur Juliette.

Il sera inhumé le 3 juin 1976 dans le « carré protestant » du cimetière du *Grand Jas*, sans pasteur, sans allocution officielle, conformément aux souhaits qu'il avait maintes fois exprimés[1]. Deux gerbes furent déposées sur la tombe, l'une au nom du Ministère de la Santé, l'autre de l'Institut Pasteur. Entre elles, un bouquet de roses venant du jardin du Clos Saint-Jacques et,

1. Un jour où il se promenait avec Melvin Cohn sur la plage de Torrey Pines, évoquant « les résistances animistes à la connaissance objective », il lui avait dit : « on ne viendra jamais à bout de ce genre d'ignorance. Tout ce qu'on peut faire, c'est de mourir sans appeler un prêtre à son chevet ».

sur le cercueil, un fanion de l'Amicale des marins cannois, en hommage à ses talents de navigateur.

Avant de conduire le cercueil au cimetière, une cérémonie intime organisée par son frère Philippe et ses deux fils, se déroula au seuil de la maison familiale, en présence de la famille Mantoux et de proches amis cannois, de Jean Hardy et son épouse, d'Agnès Ullmann, et de ceux qui venaient d'arriver de Paris (André Lwoff, Maxime Schwartz, François Jacob, François Gros, Mme Escoffier-Lambiotte...).

« Philo », dont nous savons la profonde affection qu'il éprouvait pour son frère, exprima sans emphase l'affliction familiale. Le docteur Gérard Mantoux était bien trop bouleversé pour pouvoir parler; ce fut le docteur Le Goff, gynécologue cannois, qui évoqua la profonde tristesse de ses fidèles compagnons de navigation.

Lorsque retentit sur la terrasse l'enregistrement du premier chœur de la cantate de Bach : *Christ lag in Todesbanden*, « Christ reposait dans les bandelettes de la mort » — une des cantates qu'il aimait à diriger dans sa chorale — bien peu de ceux qui étaient là purent retenir leurs larmes.

Philippe Monod a bien voulu me conduire l'été dernier auprès de la tombe familiale, au cimetière du « Grand Jas » qui domine Cannes. Ce nom sonne curieusement. Le dictionnaire m'apprend que « jas » est un vieux mot provençal, venant du latin *jacere*, il signifie l'endroit où l'on gît... C'est un vaste espace en pente, qu'un mur, prolongé d'une haie, divise en deux parties inégales : sur l'étendue la plus vaste, se trouvent les tombes catholiques, dominées par un grand ange ailé, qui veille sur le repos des défunts.

Nous nous engageons de l'autre côté, plus étroit, connu sous le nom de « carré protestant », où dorment en fait les membres des autres églises confondues. L'allée est bordée par un alignement de tombes britanniques datant de la seconde partie du XIXe

siècle, toutes semblables, basses, en beau marbre blanc, dépouillées de toute ornementation. C'est là que gisent les membres de l'ancienne colonie anglaise, témoignage du temps reculé où les retraités fortunés venaient terminer leurs jours au bord tiède de la Riviera. Sur notre droite, se dressent quelques bulbes de style slave, ce sont les anciens caveaux de grandes familles russes orthodoxes.

Au bout de l'allée, contre le mur d'enceinte, nous parvenons à la tombe des Monod. Elle est enserrée, sans le moindre espace, entre les deux tombes voisines. Faite de marbre blanc, elle est formée de deux parties superposées : à la partie supérieure contenant de la terre, fleurissent des impatiences roses, devant une lavande et du romarin. Ces rameaux odorants masquent en partie la dalle verticale qui porte les noms des premiers occupants : Lucien Monod, 1867-1957 et Charlotte, née Todd-McGregor, 1869-1854.

On distingue difficilement, à demi caché par la végétation, un vers de Virgile, en hommage à l'humaniste érudit qu'était Lucien Monod : *Dignum laudae virum Musa vetat mori*, c'est à dire : la Muse protège de la mort (rend immortel) l'homme qui est digne de louange.

Au pied de la tombe, une autre inscription :
Juliette Monod : 29 janvier 1893 - 27 avril 1959.
« Celui qui aime demeure dans la lumière » Jean 2. 10. Ces paroles pieuses peuvent surprendre dans une famille agnostique, mais nous savons que Juliette, seule à pratiquer la religion réformée, était très dévote.

Sur la dalle verticale, quatre noms sont gravés dans le marbre dans l'ordre chronologique des décès :
Odette Monod née Bruhl 6 novembre 1906 - 15 janvier 1972
Jacques Monod 9 février 1910 - 31 mai 1976
Robert Monod 17 février 1898 - 26 septembre 1978
Philippe Monod 10 mai 1900 - 14 février 1992.

L'annonce du décès du prix Nobel provoqua une vive émotion, tant en France qu'à l'étranger : des centaines de cartes, de télégrammes, de lettres, en provenance du monde entier, affluèrent à l'Institut Pasteur. La presse consacra une grande place à sa disparition. Une page entière du *Monde* (2 juin 1976) était composée de trois articles : un d'André Lwoff, célébrant « l'harmonie des dons multiples de Jacques Monod, équilibre entre l'intuition, l'imagination créatrice et la raison » ; un autre, dû à François Gros, résumait sa carrière scientifique ; le troisième écrit par Mme Escoffier-Lambiotte, journaliste médicale, évoquait son engagement philosophique et social, son humanisme, ses préoccupations éthiques.

Des notices nécrologiques parurent dans de nombreuses revues scientifiques.

Francis Crick dans le journal anglais *Nature* (29 juillet 1976) rend hommage à son ami Jacques : « Un des plus importants leaders de la biologie moléculaire, qui aida à établir le cadre et la compréhension de l'action des gènes et de la synthèse des protéines (...) un savant de première grandeur, à la fois par son travail expérimental et ses idées. »

Des numéros de revues scientifiques ou philosophiques seront dédiés à sa mémoire[1]. Mais, l'hommage le plus complet, maintes fois mentionné tout au long de ce livre, demeure l'ouvrage rassemblant les témoignages de ses collègues et disciples, publié par A. Lwoff et A. Ullmann sous le titre *Les origines de la biologie moléculaire. Hommage à Jacques Monod.* « Études Vivantes », Paris-Montréal (paru en anglais en 1979, et en français en 1980).

---

1. Tels le numéro de septembre 1976 de *Biochemical and Biophysical Research Communications*, et le numéro 4 des *Cahiers Cistre* de 1978 (éd. L'âge d'homme, Lausanne).

Le 10 juin 1976, une cérémonie fut organisée à l'Institut Pasteur pour un dernier et solennel hommage à son directeur. Elle se déroula en plein air sous un grand soleil. Sur une estrade, devant une immense photographie du défunt, se trouvaient rassemblés sa famille, ses principaux collaborateurs, ainsi que diverses personnalités politiques et scientifiques.

Face à l'estrade, s'était assis un public recueilli formé d'amis et de collègues (parmi lesquels je me trouvais). Derrière et autour, tout le personnel de l'Institut était là, debout en blouses blanches, pour rendre hommage à son directeur.

André Lwoff retraça la carrière de chercheur de Jacques Monod, sa personnalité rayonnante, sa logique exigeante. Pierre Royer, président du Conseil d'administration de l'Institut, célébra les réformes qu'il avait entreprises avec courage et ténacité en tant que Directeur.

Simone Veil, Ministre de la Santé, exprima son admiration pour l'action et l'œuvre de Jacques Monod, dont elle avait soutenu les efforts en apportant à l'Institut Pasteur une aide importante de l'État. Citons quelques unes de ses paroles :

« Les mécanismes moléculaires de l'information génétique, données nouvelles qu'il avait contribué à enrichir, lui paraissaient apporter à l'évidence le maillon qui manquait à la théorie de l'Évolution. Il pouvait écrire avec cette passion orgueilleuse qui l'habitait : « Le secret de la vie, qui pouvait apparaître inaccessible dans son principe même, est aujourd'hui en grande partie dévoilé... » Ou bien : « Non plus que son destin, son devoir n'est écrit nulle part, à lui de choisir entre le Royaume et les ténèbres... » Elle termina par ces mots : « Peu d'hommes auront mieux que Jacques Monod ouvert les voies qui mènent à ce Royaume, royaume transcendant des idées, de la connaissance, de la création ».

Le nom de Jacques Monod ne risque pas de tomber dans l'oubli. Il demeure inscrit au fronton de nombreuses réalisations humaines. Tout d'abord, à Pasteur même, le beau et vaste bâtiment moderne abritant aujourd'hui la biologie moléculaire porte son nom. À Paris, son nom a été donné à « l'Institut de recherche en biologie moléculaire » de l'Université Paris VII, à une aile de l'hôpital Bichat, et à un établissement d'enseignement technique du Ve arrondissement. En province, deux rues portent désormais le nom de Jacques Monod : l'une au Cannet (Alpes Maritimes), l'autre à Ligueil (Indre et Loire), ainsi que plusieurs établissements (voir *Annexe 8*).

Aux États-Unis, enfin, la nouvelle chaire de Microbiologie du *Massachussets Institute of Technology* de Boston, créée en 1977, porte elle aussi le nom de Monod.

∴

Les hommes passent, leurs accomplissements demeurent. L'œuvre de Jacques Monod conserve intact son rayonnement international. Ses découvertes biologiques ont ouvert la voie aux progrès spectaculaires de la biologie moléculaire. Nombre de ses idées, en particulier sur l'allostérie et la conformation des protéines trouvent aujourd'hui encore de nouveaux développements.

Sa réflexion sur l'origine et l'évolution du Vivant a fortement marqué les esprits. Si ses conclusions trop affirmées ont pu rebuter et susciter nombre d'objections, aucun autre scénario *fondé sur des données objectives* n'est parvenu jusqu'à présent à s'y substituer.

En dépit de ses contradictions internes, Monod avait réussi à concilier sa conception matérialiste d'une vie contingente avec son adhésion à des valeurs spirituelles. Il s'était attaché à la défense des libertés et de la dignité de la personne humaine, avec la passion qu'il avait consacrée à l'enseignement et à sa réforme, à la musique, ou à la voile.

Ce présent livre, rédigé à l'occasion du vingtième anniversaire de la mort de Jacques Monod, n'avait d'autre objet que de rappeler ou de faire connaître la richesse de sa vie et la multiplicité de ses dons, à l'origine d'une œuvre qui a grandement contribué au renom de la France à l'étranger.

*   *
*

Remerciements

Je suis reconnaissant à M. Elie Wollman de m'avoir permis de consulter le « Fonds Monod » aux Archives de l'Institut Pasteur et à Mesdames Ogilvie, Brunerie et Dupenne pour l'aide qu'elles m'ont apportée.

Je remercie Agnès Ullmann, François Jacob, Philippe et Marie-Thérèse Monod, Gérard et Lucie Mantoux, ainsi que mon fils Jean (qui se consacre à l'hématologie et à la biologie moléculaire), d'avoir bien voulu lire mon manuscrit et de m'avoir fait bénéficier de leurs critiques.

Je dois à Philippe Monod, ainsi qu'à mes amis Mantoux, de précieuses informations sur la vie et la mort de Jacques Monod à Cannes.

Annexe 1

Charges scientifiques diverses acceptées par J. Monod

– Président du Comité scientifique du CNRS chargé des actions concertées en Biologie moléculaire (1969).

– Membre de droit du Directoire du CNRS (1971).

– Membre du Haut Comité Médical de la Santé (1971).

– Membre du Comité consultatif de la Recherche médicale de l'OMS (1972).

– Membre de droit de la Commission consultative de transfusion sanguine (1973).

– Membre du Conseil Économique et social (1974).

– Membre de la Royal Society britannique.

– Membre du Conseil d'administration de la Salk Foundation à La Jolla (États-Unis).

– Membre de Conseils d'administration ou de Conseils scientifiques de diverses institutions étrangères.

– Membre d'honneur de 19 Comités scientifiques (dont deux en Israël),

– Membre actif de Comités scientifiques de sa compétence :

– Laboratoire d'Enzymologie du CNRS.

– Institut de Chimie des Substances Naturelles à Gif-sur-Yvette.

– Institut du Cancer de Villejuif.

– Institut de Biologie moléculaire de la Faculté des Sciences à Paris VII et à Marseille.

Membre d'Associations humanitaires (pour l'Étude de l'avortement ; contre la peine de mort ; pour le placement et l'aide aux jeunes handicapés).

Annexe 2

Les mesures préconisées lors du premier Colloque de Caen (1956) étaient développées en douze points.

Le point VIII, qui avait trait aux locaux universitaires, rédigé douze ans avant mai 1968, était particulièrement prophétique :

« Trop souvent les bâtiments de nos universités sont inadaptés devant l'afflux présent d'étudiants et de chercheurs, jugé pourtant insuffisant. La situation est catastrophique, particulièrement à Paris et dans certaines villes de province. À peine construites, des facultés récentes sont déjà trop petites. Si l'on veut que les facultés puissent faire face à leur tâche et que les étudiants puissent travailler dans des conditions normales, il est nécessaire de remédier de toute urgence à la misère des bâtiments et d'entreprendre dès aujourd'hui un large effort de construction, adapté à ce que doit être dans dix ans notre Enseignement supérieur. »

Si les Pouvoirs publics avaient suivi cet avis, on aurait évité les événements de mai 68, tant il est vrai que, comme le disait mon ami Robert Mallet, Recteur de la Sorbonne au moment des troubles, « le meilleur moyen d'éviter une révolution est de la faire soi-même ! »

Le deuxième Colloque de Caen (novembre 1961), auquel J. Monod participa aux côtés d'éminentes personnalités (Aigrain, Lichnerowicz, Schwartz, Zamansky...), va plus loin encore dans les propositions de réforme : suppression des chaires, découpage de l'Université parisienne, autonomie des universités.

Le gouvernement laissa passer cette seconde chance de réforme. Contrairement à ce qui a été souvent dit, il n'est pas possible de considérer que les événements de mai 68 étaient imprévisibles. Non seulement ils étaient prévisibles, mais encore ils auraient pu être prévenus.

Annexe 3

Quelques autres commentaires français au sujet du Hasard et la nécessité

Georges Lamizet (*Bulletin de l'Association des amis d'Alain*), considère que le refus de Monod de prendre l'effet pour une fin et le résultat pour un but, revient à « faire retour à l'animal machine de Descartes, à une structure purement cybernétique ». Il est sceptique à l'égard de « l'éthique de la connaissance » et voit une contradiction entre le Monod biologiste et le Monod qui ne craint pas d'utiliser le mot âme, encore qu'il l'utilise dans le sens où Alain disait : « avoir de l'âme et non avoir une âme ». Il conclut par deux citations des *Propos* d'Alain : la première qui distingue (comme Monod) le bruit de la musique, et l'autre qui vise à définir l'âme: « Juger, décider, agir, voilà les fonctions de l'âme ? Mais rien ne prouve que ce qui juge et veut soit séparable et doive survivre ».

Alfred Fabre-Luce remarque que Monod, le matérialiste, emploie le terme « miracle » pour qualifier l'apparition de la vie et de l'homme sur la Terre. Il doute par ailleurs que la notion d'objectivité conserve une signification au niveau des choix existentiels, tels les droits de l'homme, ou la foi en un socialisme idéal.

B. Grenelle, dans la revue *« Aspects »* (28.01.71 et 4.01.71), a peine à croire que l'histoire entière du vivant ait été dès le départ inscrite chez les premiers unicellulaires, la suite n'étant qu'ampliations et modifications « sans auteur, ni destinataire ». Il reproche à Monod de confondre hasard et contingence, et de mêler éthique et connaissance :« Qu'est-ce qu'un robot a à faire d'une morale ? C'est de la cybernétique qu'il relève et non d'une quelconque éthique ».

Arthur Kriegel, écrit dans la revue *Contrepoint* (avril 1971) : « Les contresens ne sont pas permis, ou alors ils sont volontaires. La science reste neutre et ne secrète pas de valeurs, mais l'homme peut décider que la plus haute valeur est la connaissance objective ». Cette réserve faite, il conclut : « Jacques Monod gardera le mérite imprescriptible d'avoir ouvert, dans la clarté et à la hauteur voulue, un débat public sur la science, comme on n'en avait pas connu depuis la révolution de la physique au début du siècle. »

Pierre Savinel (*Bulletin des lettres*, 15 déc. 1970) critique sans nuances : « Ce livre bien intentionné repose sur une confusion des ordres au sens pascalien. Parce qu'il excelle dans l'ordre de l'intelligence, M. Monod se sent qualifié pour légiférer dans l'ordre moral » (...) « Dans les dernières pages, la confusion est totale, le postulat d'objectivité transposé dans la morale définit une valeur transcendante, alors que dans le monde moral il n'y a que projectivité... »

Marguerite Lena, dans *Axes* (tome 3, janvier 1971), refuse que « le postulat d'objectivité, condition du savoir scientifique, puisse devenir norme unique et ultime vérité ». « Un seul jugement de valeur est toujours comme un pressentiment lointain de Dieu : la conscience n'est plus alors objet de l'évolution biologique, mais sujet élaborant une philosophie. »

Une opinion voisine est exprimée par Josiane Duranteau dans « *Combat* » (18 novembre 1970) : l'application de l'éthique de la connaissance en dehors du domaine scientifique pose problème : « Si l'homme est une forme vivante qui a la propriété de sécréter lui-même la transcendance, si cette transcendance ne lui est pas antérieure ou pré-éminente en droit, qu'a-t-elle donc de transcendant ? Si l'homme est seul créateur de valeurs, ces valeurs ne sont aucunement transcendantes, le Royaume est pure illusion et il n'y a que le matérialisme de vrai ». Elle conclut : il faudrait que J. Monod parviennent à dépasser ses contradictions.

F. Russo (« *Études* », février 1971) ne trouve pas les avancées de la biologie moléculaire contradictoires avec une transcendance, mais complémentaires.

Dans les « *Études philosophiques* » (1971), Jean-Claude Margolin approuve sans restrictions (la chose est rare) la position de Jacques Monod. Tandis que Jean-Pierre Faure dans « *Europe* » (octobre 1971) admire l'exposé biologique, mais considère que « l'homme Monod » extrapole un peu trop aisément les conclusions du « savant Monod ». Il se demande par ailleurs si derrière le hasard et le jeu des grands nombres ne se dissimule pas un déterminisme statistique.

Dans les *Cahiers de l'actualité religieuse et sociale* (1er août 1971), E. Rideau écrit : « Monod a choisi parmi les valeurs, la connaissance objective, non seulement en raison de son efficacité, mais aussi des qualités qu'elle exige, de l'ascèse qu'elle implique (...) J. Monod n'a rien d'un vulgaire matérialiste : artiste et musicien, savant de premier ordre, humaniste généreux, son idéal est grand. Il reconnaît en l'homme un irrépressible besoin de dépassement et de transcendance. On souhaiterait seulement dans ses positions un peu plus de souplesse et d'ouverture, moins d'exclusivisme et d'intransigeance ».

Dans les *Cahiers de Laënnec* (revue catholique), Daniel Desouches (Janvier-février 1971) estime grandement l'ouvrage de J. Monod. Il émet cependant des doutes et des objections sur « l'éthique de la connaissance », qui suppose un dualisme et une difficile mise en application : « C'est ainsi qu'on aimerait que Monod, qui se réclame du socialisme en récusant tout socialisme fondé sur une analyse économique ou historique de type marxiste, nous présente ces institutions socialistes qui pourraient être déduites de l'éthique de la connaissance. »

C. A. Schild écrit dans les *Cahiers protestants* (n° 2, 1971) : « Que ces découvertes aient pu expliquer en grande partie le mécanisme du code génétique, qu'elles permettent d'entrevoir la façon dont la vie a pu émerger de la nature inerte, qu'elles contribuent à mieux situer l'homme comme pur objet dans le déroulement de l'évolution, nul ne saurait le contester. Il n'en reste pas moins qu'elles n'ont en soi aucun sens, ou alors tout au plus celui que l'homme veut bien leur donner en fonction du projet de sa conscience, ou en vertu de sa foi. La coupure qui sépare la connaissance objective de toute éthique n'apparaît pas moins grande, en définitive, que celle qui sépare la science de la foi. »

Le pasteur Pierre Ducros, dans *Évangile et Liberté* (24 février 1971) écrit : « Les conclusions philosophiques et éthiques d'un savant comme Monod tirent de sa compétence scientifique un poids et une autorité incontestables, bien qu'elles dépassent le terrain de la connaissance objective et ne revêtent donc pas le caractère indiscutable et contraignant des découvertes scientifiques. » Lorsque Monod écrit : « Le besoin religieux, et cela explique son universalité, serait donc inscrit quelque part dans le langage du code génétique », P. Ducros se demande s'il s'agit d'une donnée scientifiquement acquise ou bien d'une hypothèse. Enfin, il conteste que seule la connaissance objective soit fiable, la foi est aussi un moyen de connaissance.

Le R. P. Roqueplo, publie dans *Foi et Vie* (décembre 1971) un texte nuancé et compréhensif, dont voici les conclusions : « Il appartient à la science de fournir une explication objective de tous les phénomènes. Il n'y a aucune limite *a priori* au domaine ainsi offert à l'explication scientifique. Cependant l'explication objective ne sature nullement notre rapport avec la réalité, la preuve en est le souci éthique de Jacques Monod, où l'on peut voir la trace subjective d'un destin transcendant, dont l'Évangile apporte la révélation.

Dans le journal « *La Croix* », on trouve quelques vives réactions à l'encontre de la condamnation des animismes par Jacques Monod. En particulier, sous le titre « Le biologiste et le mal de l'âme moderne », Lucien Guissard écrit le 21 octobre 1970 : « Comment ne pas s'étonner que, tout en esquissant une théorie de la sélection des idées après la sélection biologique, selon leur pouvoir d'invasion et de performance, il en vienne à rejeter d'un seul coup l'ensemble des idées qui ont fait preuve de leur pouvoir pendant des millénaires. D'où vient donc ce besoin de transcendance et de dépassement dont Jacques Monod fait héroïquement preuve ? »

Le Dr Paul Chauchard considère lui aussi (*« La Croix »*, 3 novembre 1970), que le transcendant ne peut émerger du non transcendant. Il s'étonne du rôle que Monod accorde au hasard : « un tel hasard (qui aboutit à l'homme) ne peut être qualifié que de providentiel. » Il cite, à ce propos, un passage du livre du R. P. Sertillanges, disciple de Saint Thomas d'Aquin (*L'idée de la création*, Aubier, 1945) : « Le hasard existe et il n'existe pas seulement pour nous du fait de notre ignorance, il existe en lui-même dans la réalité des choses. Le hasard est un élément du monde tel que Dieu l'a constitué. De par cette détermination divine, le hasard est ce qu'il est : indéterminé, c'est à cela que Dieu le détermine. Le hasard est donc du hasard de par sa création, il est ainsi du prévu, du voulu, du nécessaire. Du hasard par rapport à Dieu, ce serait quelque chose que Dieu n'aurait pas prévu et voulu en tant que Créateur et cela implique contradiction, puisque Dieu crée par intelligence et que rien n'émane de lui qu'il n'ait prévu et voulu. »

Très surprenants, venant d'un prêtre catholique, les propos venimeux de Pierre Leroy dans *« Ecclesia »* (février 1972) : « Chacun sait que l'auteur du *Hasard et la nécessité* ne s'est pas fié au hasard pour assurer la vente de son ouvrage, multipliant entrevues, discussions publiques, radio, TV, etc. »

Aimé Michel (*« France catholique »*, 22 décembre 1972), ayant découvert dans le livre de P.-P. Grassé, *Toi, ce petit Dieu, essai sur l'histoire naturelle* (Masson, 1971) que l'ARN viral s'incorpore à l'ADN des cellules hôtes dans le sarcome des poules (selon H. M. Temin), s'écrie avec jubilation : « Des déductions philosophiques de Monod et de son livre, il ne reste rigoureusement rien. »

Certes Monod s'est trop avancé en excluant catégoriquement tout action extérieure sur l'ADN. Mais de là à conclure qu'il a « tout faux », c'est un peu simpliste !

Annexe 4

Quelques autres commentaires étrangers au sujet du Hasard et la nécessité

J. Hector dans « *Techniques nouvelles* » (Bruxelles, décembre 1970) s'étonne que Monod range le matérialisme dialectique parmi les animismes. Il considère que « Hegel, Marx, Lénine ont, tout autant que Monod, le souci de connaissance objective de ce qui dirige les comportements humains et les divers types de sociétés ».

Edmond Beaujon, dans « *La Tribune de Genève* » (17 février 1971) conclut ainsi son analyse : « Le savoir scientifique est élevé au rang de valeur suprême. Le monde se trouve ainsi "désanimé" et l'âme humaine simplifiée, limitée, du fait qu'elle ne connaît la vérité que par la démarche objective, qui élimine l'esprit des choses pour n'en connaître que les structures ».

Pour Vernon Pratt (*Study His. Phil. Sci.*, 5, 1975), le « secret de la vie » n'a pas été dévoilé par la biologie moléculaire : des parties intelligibles ne suffisent pas à apporter l'intelligence de l'ensemble, l'organisation de l'ensemble n'est pas explicable par les structures des parties et un organisme peut-être lui-même partie d'un ensemble plus vaste.

C.H. Waddington discute des conceptions de Jacques Monod sous le titre : « How much is Evolution affected by Chance and Necessity ? » (Archives Inst. Pasteur, Fonds Monod, Bio 13). Après avoir exprimé son « respect » pour de nombreuses parties du livre, Waddington n'approuve pas la condamnation des « animismes » qui englobent des mouvements hétérogènes. Il va jusqu'à dire : « Si Jacques Monod ne se considère pas comme un animiste, il doit cesser de parler et d'écrire ». Il s'insurge surtout de se voir taxé par Monod de « Lyssenkoïste », du fait qu'il considère que les mutations ne surviennent pas uniquement au hasard. L'hypothèse de Waddington est, rappelons-le, que la sélection n'opère pas seulement sur les phénotypes mais aussi sur les développements épigénétiques. Pour lui, « les caractères acquis par des individus ne sont pas hérités par leurs descendants, mais des caractères acquis par des populations peuvent, s'ils sont adaptatifs, être transmis à leur descendance ». C'est ce qu'il dénomme « l'assimilation génique ». Il refuse d'être traité de Lamarckiste (car Lamarck ne pouvait connaître les lois de la génétique révélées par Mendel) et encore moins de Lyssenkoïste, car Lyssenko était un mystificateur.

A. R. Peacock, doyen de Clark College à Cambridge, professeur de biochimie, fait une analyse mesurée des conceptions de J. Monod (*Trends in Biochemical Sciences*, mai 1977). Il constate que divers matérialistes de formation scientifique peuvent avoir des conceptions radicalement opposées au sujet de l'apparition de la vie sur notre planète : tandis que Monod estime que ses chances d'apparaître étaient infinitésimales, des « thermodynamistes », comme Manfred Eigen et Ilya Prigogine, considèrent que la vie devait inévitablement émerger de l'évolution physicochimique à la surface de la Terre, c'est-à-dire de la « soupe prébiotique », sous forme de « structures dissipatives ordonnées ».

The Charlotte Observer (19 décembre 1971) titre : « Monod atteint l'éloquence sur le thème de la solitude humaine ».

Alan B. Brinkley juge que l'ouvrage est peu facile, mais qu'il mérite certainement l'effort de lecture.

William Bowen (*Fortune*, décembre 1971) qualifie l'ouvrage « d'original et puissant », mais estime « particulièrement insatisfaisantes les dernières pages, vagues incantatoires, plus inspirées par la rhétorique que par la logique. Monod n'a pas dit assez, ou bien trop, au sujet de l'éthique de la connaissance ».

Bernard Strauss (un généticien), et Erica Aronson (spécialisée en littérature comparée) analysent l'ouvrage de Monod dans *Perspectives in Biology and Medicine* (n° 4, 1972). Eux aussi butent sur l'application aux comportements politiques et sociaux du postulat d'objectivité. La conception éthique et socialiste de Monod leur paraît refléter l'influence des existentialistes français (Sartre et Camus).

Alexander Sandow, professeur de physiologie à New York University (*Science and Society,* 1972), trouve les positions de J. Monod éminemment dialectiques, malgré la condamnation qu'il fait du matérialisme dialectique, il en est ainsi de l'opposition « nature objective/êtres vivants projectifs », aussi bien que du titre lui-même (hasard et nécessité). Il conteste les termes d'erreurs et d'imperfections utilisés pour qualifier les mutations de l'ADN. Pour lui, il serait plus objectif d'observer que l'ADN, fondement de la réplication invariante, a aussi la propriété de présenter des modifications survenant au hasard, d'autant que celles-ci sont fréquentes, comme le souligne lui même Monod. Ces mutations, à la base de l'évolution, peuvent donc être considérées comme une propriété fondamentale du vivant. A. Sandow conteste par ailleurs que Engels ait rejeté la théorie darwinienne, ainsi que la deuxième loi de la thermodynamique ; il s'est seulement interrogé sur leur légitimité à l'échelle de l'univers. Enfin, Sandow exclut à son tour l'objectivité comme base de conduites éthiques.

Les critiques des spéculations philosophiques de J. Monod sont également sévères dans :
– *« The Los Angeles Time »* du 26 décembre 1971 (K. Klivington) ;
– *« The Nation »* du 29 novembre 1971 (Jerry Briant) ;
– *« The New Scientist »* du 9 novembre 1971 (Robert Monro) ;
– *« The New York Times »* du 21 décembre 1971 (George Steiner) ;
– *« The New Yorker »* du 12 août 1972 (Naomi Bliven).

Toutefois, cette abondance d'analyses concernant un ouvrage français constitue en soi un événement très inhabituel dans la presse américaine et des plus flatteurs.

Annexe 5

Calcul des probabilités de survenue de mutations convergentes par Georges Salet (Lettre d'un mathématicien biologiste : Hasard et Certitude, le transformisme devant la biologie actuelle. Éd. Scientifiques Saint Edmé)

L'évaluation de la probabilité de survenue simultanée au hasard de mutations convergentes (toute innovation faisant nécessairement intervenir l'action conjuguée de plusieurs gènes) implique, pour G. Salvet, un calcul de *probabilités composées.* Pour une seule innovation, le nombre de mutations nécessaires excéderait de très loin le nombre de mutants, toutes espèces confondues, que notre planète aurait pu produire en deux milliards d'années (estimé par Salet à 10^{45}).

D'où sa conclusion : « On ne peut échapper à un choix déchirant, ou nier que les mutations se produisent au hasard, ou nier la réalité de l'évolution progressive (innovatrice) ».

Un raisonnement similaire le conduit à considérer que l'apparition de la première cellule capable de se dupliquer n'était pas seulement un événement de probabilité « quasi nulle », comme l'estime Monod, mais que sa formation par hasard était rigoureusement impossible, car se situant en dessous du « seuil d'impossibilité absolue » calculé par Borel.

Annexe 6

Réunion du 25 mai 1939 du Praesidium de l'Académie Lénine des Sciences agronomiques (extrait).

— Lyssenko : « Pourquoi toujours parler de Darwin ? Pourquoi ne pas tirer vos exemples de Marx et de Engels ?

— Vavilov : Les travaux de Darwin sur l'origine des espèces sont antérieurs. Engels et Marx tenaient Darwin en grande estime. Darwin n'est pas tout, mais c'est le plus grand des biologistes, celui qui a prouvé l'évolution des organismes...

— Lyssenko : C'est la première fois que je vous entends dire que les espèces ont une origine (...) J'avais compris d'après vos écrits que, d'accord en cela avec votre maître Bateson, vous étiez de l'avis que l'évolution était un processus de simplification. Pourtant, il est dit au chapitre IV de l'histoire du Parti que l'évolution est une augmentation de la complexité.

— Vavilov : ... il y a aussi une réduction. Lorsque j'étudiais avec Bateson...

— Lyssenko : Qui est anti-darwinien.

— Vavilov : Non. Un jour, je vous parlerai de Bateson, qui est un homme très attachant, très intéressant.

— Lyssenko : N'auriez-vous pas pu apprendre dans Karl Marx ?

— Vavilov : J'ai étudié Marx quatre ou cinq fois, et je suis tout disposé à continuer.

— Lyssenko (en conclusion) : Je suis d'accord avec vous Nicolas Ivanovitch, il vous est quelque peu difficile de poursuivre vos travaux. Nous nous en sommes entretenus à plusieurs reprises et vraiment j'en suis désolé pour vous, mais, voyez-vous, vous affichez de l'insubordination à mon égard... Je m'aperçois qu'il est temps de prendre des mesures. Nous ne pouvons continuer de la sorte. Vous déclarez tout haut que cela est déloyal, mais au fond vous ne le pensez pas... Nous aurions dû faire confiance à d'autres hommes, adopter une autre ligne, un ligne de subordination administrative ».

Annexe 7

Manifeste en faveur de l'euthanasie

« Nous soussignés, nous déclarons pour des raisons éthiques en faveur de l'euthanasie. Nous croyons que la conscience morale réfléchie est assez développée dans nos sociétés pour permettre d'élaborer une règle de conduite humanitaire en ce qui concerne la mort et les mourants. Nous déplorons la morale insensible et les restrictions légales qui font obstacle à l'examen du cas éthique que constitue l'euthanasie. Nous faisons appel à l'opinion publique éclairée pour qu'elle passe outre aux tabous traditionnels et évolue vers une attitude compatissante à l'égard des souffrances inutiles au moment de la mort.

« Nous rejetons les théories impliquant que la souffrance humaine est inévitable, ou qu'il n'y a pour ainsi dire rien à faire pour améliorer la condition des hommes. Nous maintenons qu'il est immoral de tolérer, d'accepter ou d'imposer la souffrance. Nous croyons en la valeur de la dignité de l'individu. Cela suppose qu'il soit traité avec respect et par conséquent qu'il lui soit laissé la liberté de décider raisonnablement de son sort. Aucune morale rationnelle ne peut interdire catégoriquement à l'individu de mettre fin à sa vie s'il est atteint d'une horrible maladie contre laquelle les remèdes sont sans effet.

« L'euthanasie, qui signifie littéralement bonne mort, peut être définie comme une méthode ou un acte destinés à mettre fin à la souffrance, en laissant mourir ou en provoquant une mort sans douleur. Autrement dit, c'est donner le moyen de mourir doucement, facilement, à ceux qui sont affligés d'une maladie incurable ou de lésions irrémédiables dans leur phase ultime. Ce n'est l'euthanasie humanitaire que si elle aboutit à une mort rapide et si elle est considérée comme un bienfait par l'intéressé. Il est cruel et barbare d'exiger qu'une personne soit maintenue en vie contre sa volonté en lui refusant la délivrance qu'elle souhaite, alors que sa vie a perdu toute dignité, beauté, signification, perspective d'avenir. Nous croyons que notre devoir primordial, en tant qu'êtres humains, consiste à préserver et à enrichir notre vie et celle des autres. Cependant, dans certaines circonstances, il n'est plus possible de vivre pleinement. Il est naturel pour chacun d'espérer que le moment venu, il sera en mesure de mourir paisiblement, dignement, quand l'affliction est immense et la fin inévitable.

« Nous recommandons qu'un effort d'humanité soit accompli pour soulager nos souffrances et celles des autres, sans se heurter à des interdits moraux ou juridiques. D'un point de vue éthique, la mort devrait être considérée comme partie intégrante de la vie. Puisque tout individu a le droit de vivre avec dignité — bien que ce droit soit souvent dénié dans les faits — il a aussi le droit de mourir avec dignité.

L'euthanasie présente un problème éthique aux patients qui, tout en sachant leur état incurable ou irrémédiable, sont convaincus en raison de leurs croyances religieuses ou philosophiques qu'il n'est permis à aucun être humain d'intervenir pour supprimer la vie d'un autre. Pour les rationalistes, il ne devrait pas y avoir d'objections à l'euthanasie. Nous recommandons que ceux qui partagent notre opinion signent leurs "dernières volontés de vie", de préférence lorsqu'ils sont en bonne santé, en déclarant sans équivoque qu'ils entendent faire respecter leur droit à mourir dignement. Le médecin habituel de l'individu devrait recevoir une copie de ce testament spécial et, s'il n'est pas disposer à l'exécuter, un autre médecin devrait être choisi. La famille et les intimes devraient eux aussi en recevoir copie ou à défaut être informés de son existence. Pour le cas où, le moment venu, l'intéressé serait capable de s'exprimer, il faudrait respecter le désir des malades qui, n'ayant pris aucune disposition ni déclaré leur intention à l'avance, réclameraient l'euthanasie après avoir été frappé par une maladie incurable. Il est alors souhaitable d'assurer qu'il s'agit d'une volonté réfléchie exprimée à plusieurs reprises. Dans tous ces cas, l'euthanasie est voulue, elle dérive du libre-arbitre qui permet à une personne de déterminer sa vie et, jusqu'à un certain point, le moment de sa mort.

« Pour ceux qui acceptent ce principe, il reste une distinction importante à faire entre euthanasie active et euthanasie passive. L'euthanasie passive consiste soit à supprimer les moyens de survivre obtenus grâce aux techniques perfectionnées de la réanimation, ou grâce à l'alimentation par voie veineuse, soit à ne pas y faire appel lorsque l'état est désespéré. Étant donné les progrès fantastiques de la médecine, il est en effet possible de garder en vie des patients bien au-delà du moment où normalement ils seraient morts. L'euthanasie active consiste à augmenter progressivement l'administration de certaines drogues (comme la morphine) pour soulager la douleur jusqu'à ce que la dose devienne fatale. En se fondant sur une attitude compatissante à l'égard de la vie et de la mort, il nous paraît parfois difficile de distinguer entre la méthode passive et la méthode active. L'acceptation de ces deux formules nous semble dictée par un respect approprié du droit de vivre et de mourir dignement.

« Les questions les plus difficiles en ce qui concerne l'euthanasie peuvent se poser quand les individus sont inconscients, dans le coma, ou incapables de s'exprimer. Nous croyons qu'une fois la mort du cortex constatée, l'équipe médicale, après avoir consulté les proches du patient et pris toutes les précautions légales, devrait suspendre le traitement destiné à prolonger les fonctions vitales. L'euthanasie dans ce cas-là ne devrait avoir lieu qu'en dernier ressort, dans des conditions soigneusement définies comportant toutes les protections concevables contre des abus.

« Des médecins de famille et des familles incapables de supporter les tortures d'un malade réduit à la dernière extrémité permettent souvent des actes d'euthanasie, mais dans la crainte et le secret. Il est temps que la société affronte ce dilemme moral. Le problème de l'euthanasie se pose à certains médecins en raison de l'ambivalence du serment d'Hippocrate par lequel le médecin s'engage à la fois à soigner le malade et à soulager la souffrance. Face à un tel dilemme, le médecin est souvent influencé dans son choix par ses croyances religieuses et philosophiques. De même, consciemment ou inconsciemment, le médecin peut être déterminé par sa répugnance “à perdre” un patient, surtout lorsqu'il lui est personnellement attaché. Mais dans cette situation le médecin n'a pas le droit moral de contrecarrer les désirs réfléchis d'un malade. Aux yeux d'un rationaliste, la préoccupation essentielle du médecin devrait être de soulager la souffrance au dernier stade d'une maladie incurable. Si le médecin traitant rejette cette position, le cas devrait être confié à un autre médecin.

« Nous croyons que la pratique de l'euthanasie humanitaire voulue par le malade améliorera la condition humaine et, une fois que des mesures de protection légale auront été établies, encouragera des êtres humains à agir dans ce sens par bonté et en fonction de ce qui est juste. Nous croyons que la société n'a ni intérêt, ni besoin véritable de faire survivre contre sa volonté un malade condamné, et que le droit à l'euthanasie peut être protégé contre les abus par une procédure de sauvegarde appropriée ».

Annexe 8

Liste des divers établissements de province portant le nom de Jacques Monod :

Groupe médical de Saint-Ouen-l'Aumône (Val-d'Oise)

Centre Hospitalier Général de Flers (Orne)

Lycée de Clamart (Hauts-de-Seine)

Collège d'Enseignement Secondaire de Villeparisis (Seine-et-Marne)

Centre d'aide pour le travail d'Antony (Hauts-de-Seine)

Collège de Beaumont-sur-Oise (Val-d'Oise)

Collège Hayange-Konacker de l'Académie de Nancy-Metz (Meurthe-et-Moselle)

Hôpital de Montivilliers (Seine-Maritime)

Photocomposition : **SCM**, Toulouse

Achevé d'imprimer en janvier 1997
sur les presses de la Nouvelle Imprimerie Laballery
58500 Clamecy
Dépôt légal : janvier 1997
Numéro d'impression : 612081

Imprimé en France